“十四五”国家重点出版物出版规划项目·重大出版工程

—— 中国学科及前沿领域2035发展战略丛书

学术引领系列

国家科学思想库

中国纳米科学 2035发展战略

“中国学科及前沿领域发展战略研究（2021—2035）”项目组

科学出版社

北京

内 容 简 介

纳米科学技术是多学科交叉融合的智慧结晶，也是未来变革性技术的源泉。《中国纳米科学 2035 发展战略》包括纳米科学的战略地位、纳米科学的发展规律与发展态势、纳米科学的发展现状与发展布局、纳米科学的发展目标及其实现途径，系统分析了纳米科学的发展现状与态势，总结了纳米科学的发展思路与发展方向，并提出了我国相应的优先发展领域和政策建议。

本书为相关领域战略与管理专家、科技工作者、企业研发人员及高校师生提供了研究指引，为科研管理部门提供了决策参考，也是社会公众了解纳米科学发展现状及趋势的重要读本。

图书在版编目（CIP）数据

中国纳米科学 2035 发展战略 / “中国学科及前沿领域发展战略研究（2021—2035）” 项目组编 . —北京：科学出版社，2023.5
（中国学科及前沿领域 2035 发展战略丛书）
ISBN 978-7-03-074778-5

Ⅰ. ①中… Ⅱ. ①中… Ⅲ. ①纳米技术－发展战略－研究－中国
Ⅳ. ① TB383

中国国家版本馆 CIP 数据核字（2023）第 019502 号

丛书策划：侯俊琳　朱萍萍
责任编辑：刘红晋 / 责任校对：韩　杨
责任印制：师艳茹 / 封面设计：有道文化

科学出版社 出版
北京东黄城根北街 16 号
邮政编码：100717
http://www.sciencep.com
中国科学院印刷厂 印刷
科学出版社发行　各地新华书店经销
*
2023年5月第 一 版　开本：720×1000　1/16
2023年5月第一次印刷　印张：9 1/4
字数：116 000

定价：78.00元

（如有印装质量问题，我社负责调换）

“中国学科及前沿领域发展战略研究（2021—2035）”

联合领导小组

组　长　常　进　李静海

副组长　包信和　韩　宇

成　员　高鸿钧　张　涛　裴　钢　朱日祥　郭　雷
杨　卫　王笃金　杨永峰　王　岩　姚玉鹏
董国轩　杨俊林　徐岩英　于　晟　王岐东
刘　克　刘作仪　孙瑞娟　陈拥军

联合工作组

组　长　杨永峰　姚玉鹏

成　员　范英杰　孙　粒　刘益宏　王佳佳　马　强
马新勇　王　勇　缪　航　彭晴晴

《中国纳米科学2035发展战略》

编 写 组

组　长 赵宇亮

副组长 张　锦　陈拥军

成　员 阎锡蕴　杨金龙　张　锦　唐智勇　戴　庆
董振超　陈春英　谷　林　裘晓辉　刘　志
李红浪　帅志刚　赵永生　宋卫国　郑南峰
陈立桅　吴长征　申有青　王　训　熊启华
马　丁　崔海信　黄　艳　付雪峰　吴树仙

执笔人 吴树仙

总　序

党的二十大胜利召开，吹响了以中国式现代化全面推进中华民族伟大复兴的前进号角。习近平总书记强调“教育、科技、人才是全面建设社会主义现代化国家的基础性、战略性支撑”①，明确要求到2035年要建成教育强国、科技强国、人才强国。新时代新征程对科技界提出了更高的要求。当前，世界科学技术发展日新月异，不断开辟新的认知疆域，并成为带动经济社会发展的核心变量，新一轮科技革命和产业变革正处于蓄势跃迁、快速迭代的关键阶段。开展面向2035年的中国学科及前沿领域发展战略研究，紧扣国家战略需求，研判科技发展大势，擘画战略、锚定方向，找准学科发展路径与方向，找准科技创新的主攻方向和突破口，对于实现全面建成社会主义现代化“两步走”战略目标具有重要意义。

当前，应对全球性重大挑战和转变科学研究范式是当代科学的时代特征之一。为此，各国政府不断调整和完善科技创新战略与政策，强化战略科技力量部署，支持科技前沿态势研判，加强重点领域研发投入，并积极培育战略新兴产业，从而保证国际竞争实力。

擘画战略、锚定方向是抢抓科技革命先机的必然之策。当前，新一轮科技革命蓬勃兴起，科学发展呈现相互渗透和重新会聚的趋

① 习近平．高举中国特色社会主义伟大旗帜 为全面建设社会主义现代化国家而团结奋斗——在中国共产党第二十次全国代表大会上的报告．北京：人民出版社，2022：33.

势，在科学逐渐分化与系统持续整合的反复过程中，新的学科增长点不断产生，并且衍生出一系列新兴交叉学科和前沿领域。随着知识生产的不断积累和新兴交叉学科的相继涌现，学科体系和布局也在动态调整，构建符合知识体系逻辑结构并促进知识与应用融通的协调可持续发展的学科体系尤为重要。

擘画战略、锚定方向是我国科技事业不断取得历史性成就的成功经验。科技创新一直是党和国家治国理政的核心内容。特别是党的十八大以来，以习近平同志为核心的党中央明确了我国建成世界科技强国的“三步走”路线图，实施了《国家创新驱动发展战略纲要》，持续加强原始创新，并将着力点放在解决关键核心技术背后的科学问题上。习近平总书记深刻指出：“基础研究是整个科学体系的源头。要瞄准世界科技前沿，抓住大趋势，下好‘先手棋’，打好基础、储备长远，甘于坐冷板凳，勇于做栽树人、挖井人，实现前瞻性基础研究、引领性原创成果重大突破，夯实世界科技强国建设的根基。”①

作为国家在科学技术方面最高咨询机构的中国科学院（简称中科院）和国家支持基础研究主渠道的国家自然科学基金委员会（简称自然科学基金委），在夯实学科基础、加强学科建设、引领科学研究发展方面担负着重要的责任。早在新中国成立初期，中科院学部即组织全国有关专家研究编制了《1956—1967年科学技术发展远景规划》。该规划的实施，实现了“两弹一星”研制等一系列重大突破，为新中国逐步形成科学技术研究体系奠定了基础。自然科学基金委自成立以来，通过学科发展战略研究，服务于科学基金的资助与管理，不断夯实国家知识基础，增进基础研究面向国家需求的能力。2009年，自然科学基金委和中科院联合启动了“2011—2020年中国学科发展

---

① 习近平. 努力成为世界主要科学中心和创新高地 [EB/OL]. (2021-03-15). http://www.qstheory.cn/dukan/qs/2021-03/15/c_1127209130.htm[2022-03-22].

战略研究”。2012年，双方形成联合开展学科发展战略研究的常态化机制，持续研判科技发展态势，为我国科技创新领域的方向选择提供科学思想、路径选择和跨越的蓝图。

联合开展“中国学科及前沿领域发展战略研究（2021—2035）”，是中科院和自然科学基金委落实新时代“两步走”战略的具体实践。我们面向2035年国家发展目标，结合科技发展新特征，进行了系统设计，从三个方面组织研究工作：一是总论研究，对面向2035年的中国学科及前沿领域发展进行了概括和论述，内容包括学科的历史演进及其发展的驱动力、前沿领域的发展特征及其与社会的关联、学科与前沿领域的区别和联系、世界科学发展的整体态势，并汇总了各个学科及前沿领域的发展趋势、关键科学问题和重点方向；二是自然科学基础学科研究，主要针对科学基金资助体系中的重点学科开展战略研究，内容包括学科的科学意义与战略价值、发展规律与研究特点、发展现状与发展态势、发展思路与发展方向、资助机制与政策建议等；三是前沿领域研究，针对尚未形成学科规模、不具备明确学科属性的前沿交叉、新兴和关键核心技术领域开展战略研究，内容包括相关领域的战略价值、关键科学问题与核心技术问题、我国在相关领域的研究基础与条件、我国在相关领域的发展思路与政策建议等。

三年多来，400多位院士、3000多位专家，围绕总论、数学等18个学科和量子物质与应用等19个前沿领域问题，坚持突出前瞻布局、补齐发展短板、坚定创新自信、统筹分工协作的原则，开展了深入全面的战略研究工作，取得了一批重要成果，也形成了共识性结论。一是国家战略需求和技术要素成为当前学科及前沿领域发展的主要驱动力之一。有组织的科学研究及源于技术的广泛带动效应，实质化地推动了学科前沿的演进，夯实了科技发展的基础，促进了人才的培养，并衍生出更多新的学科生长点。二是学科及前沿领域的发展促进深层次交叉融通。学科及前沿领域的发展越来越呈现出多学科相互渗透的发展态势。某一类学科领域采用的研究策略和技术体系所产生的基础理论与方法论成果，可以作为共同的知识基础适用于不同学科领域的多个研究方向。三是科研范式正在经历深刻变革。解决系统性复杂问题成为当前科学发展的主要目标，导致相应的研究内容、方法和范畴等的改变，形成科学研究的多层次、多尺度、动态化的基本特征。数据驱动的科研模式有力地推动了新时代科研范式的变革。四是科学与社会的互动更加密切。发展学科及前沿领域愈加重要，与此同时，“互联网+”正在改变科学交流生态，并且重塑了科学的边界，开放获取、开放科学、公众科学等都使得越来越多的非专业人士有机会参与到科学活动中来。

“中国学科及前沿领域发展战略研究（2021—2035）”系列成果以“中国学科及前沿领域2035发展战略丛书”的形式出版，纳入“国家科学思想库－学术引领系列”陆续出版。希望本丛书的出版，能够为科技界、产业界的专家学者和技术人员提供研究指引，为科研管理部门提供决策参考，为科学基金深化改革、“十四五”发展规划实施、国家科学政策制定提供有力支撑。

在本丛书即将付梓之际，我们衷心感谢为学科及前沿领域发展战略研究付出心血的院士专家，感谢在咨询、审读和管理支撑服务方面付出辛劳的同志，感谢参与项目组织和管理工作的中科院学部的丁仲礼、秦大河、王恩哥、朱道本、陈宜瑜、傅伯杰、李树深、李婷、苏荣辉、石兵、李鹏飞、钱莹洁、薛淮、冯霞，自然科学基金委的王长锐、韩智勇、邹立尧、冯雪莲、黎明、张兆田、杨列勋、高阵雨。学科及前沿领域发展战略研究是一项长期、系统的工作，对学科及前沿领域发展趋势的研判，对关键科学问题的凝练，对发展思路及方向的把握，对战略布局的谋划等，都需要一个不断深化、积累、完善的过程。我们由衷地希望更多院士专家参与到未来的学科及前沿领域发展战略研究中来，汇聚专家智慧，不断提升凝练科学问题的能力，为推动科研范式变革，促进基础研究高质量发展，把科技的命脉牢牢掌握在自己手中，服务支撑我国高水平科技自立自强和建设世界科技强国夯实根基做出更大贡献。

“中国学科及前沿领域发展战略研究（2021—2035）”
联合领导小组
2023 年 3 月

前　言

纳米科学技术是多学科交叉融合的智慧结晶，也是未来变革性技术的源泉，已成为国际上竞相争夺的战略制高点。纳米科技以其交叉性、基础性、引领性和变革性的特征，带动多个学科和前沿领域的快速发展，成为推动科学发展的新引擎。21世纪，人工智能、大数据、物联网、移动通信等各类前沿技术，无不是以纳米科技作为基本的底层技术支撑。全球主要国家都进行了战略布局。

纳米科技已经成为我国在基础前沿领域和变革性关键技术取得领先的重大机遇。我国纳米科技研究几乎与世界同时起步，经历了近40年的发展，取得了世界瞩目的突出成就。为了进一步提升我国纳米科技的发展水平，面向世界之大变局和未来挑战，本书总结已经取得的成绩和存在的问题，明确未来10～15年纳米科技战略发展的重点和前沿。

本书根据中科院和自然科学基金委的部署，对纳米科技的发展，纳米科技基础研究和人才培养，提出了具有可实现性的发展建议。内容主要包括纳米学科的战略地位、发展规律和发展态势、发展目标及途径、优先发展领域和重大交叉领域、国际合作与交流、未来发展的保障措施等方面。内容体现了发展规划战略研究工作方案的要求，围绕未来10～15年我国纳米科学的总体发展态势，从纳米学科的研究特点和基本状况出发，分析和辨识我国纳米学科重要方向所处的发展阶段，提出未来的发展目标及发展方向。旨在为我国纳米科技研究未来的发展提供参考。

在编写本书的过程中，多个领域的三十余位专家组成了研究组和秘书组，对书稿进行了认真、细致、系统讨论。① 专家咨询和调研阶段。第一次全体会议（2019 年 9 月 16 日）上本项目研究启动，明确了书稿中纳米科技研究的十个方向：新材料、跨尺度研究、自组装与仿生、纳米催化、纳米表界面、纳米器件与传感技术、极限测量技术、纳米理论、纳米生物医学和纳米技术变革性应用，并确定了各个方向的调研小组。调研小组分别就不同方向的国际国内发展规律、发展现状、发展布局、发展方向、优先发展领域与重大交叉研究领域、国际合作与交流、未来发展的保障措施进行了调研，并形成初稿。第二次和第三次全体会议（2019 年 9 月 26 日和 2019 年 10 月 14 日）对本书的建议稿进行了认真评议，在此基础上，研究组对内容进行了反复修改和完善，最终形成了正式内容；2020 年上半年将修改的书稿在线上征求专家意见；2020 年下半年，根据要求，进一步请各领域专家补充相关材料。② 汇报阶段。2019 年 10 月 30 日在自然科学基金委第 246 期双清论坛进行了初期汇报；2020 年 1 月 20 日，中科院学部召开了联合启动会，明确了工作部署；2020 年 10 月 20 日，在自然科学基金委化学科学部进行了中期汇报，并根据意见提交汇报材料；2021 年 1～8 月，与科学出版社沟通书稿进展及各项体例安排，对书稿进行完善，并进行英文翻译，形成了出版审读稿，提交科学出版社审阅；2021 年 10 月下旬，在自然科学基金委化学科学部专家咨询委员会八届四次会议做了结题汇报，通过专家论证（专家认为研究工作高质量完成，并达到出版水平）。书稿执笔人根据专家意见进行了后续补充修订，并于 2022 年 3 月提交了出版终稿。

本书在研究和编著过程中，得到了诸多专家的大力支持，他们为本书的调研和组稿等做出了重要贡献；此外还得到很多同行的帮助，在此致以衷心的感谢！本书根据2021～2035年国家中长期基础科学发展的总体目标，总结成绩，分析现状，重视问题，提出未来10～15年纳米科学优先领域发展战略，以及优化基金资助和管理的政策措施，为推动我国纳米基础研究取得重大突破，促进纳米学科的交叉融合和均衡发展提供方案参考。

赵宇亮

《中国纳米科学2035发展战略》编写组组长

2022年3月30日

摘　要

一、纳米科学发展态势

纳米科学是多学科交叉融合的智慧结晶，也是未来变革性技术的源泉,已成为国际上竞相争夺的战略制高点。纳米科技以其交叉性、基础性、引领性和变革性的特征，带动多个学科和前沿领域的快速发展，成为推动科学发展的新引擎。在科学前沿层面，纳米科学汇聚了化学、物理、生物、材料等学科领域在纳米尺度的焦点科学问题,成为现代科学最活跃的前沿研究领域,在基础科学中起到创新性、引领性、穿透性和带动性的作用。Elsevier 的统计和分析表明，纳米科学与各个基础学科交叉融合，带动了基础学科的发展；纳米研究文献广泛覆盖了近年来全球前沿研究主题，近 5 年，全球最受关注的研究主题中有九成与纳米相关。近 20 年，纳米科学的产出呈爆发式增长，纳米文献的增速是全球文献增速的 3.2 倍，从事纳米相关研究的科研工作者数量也显著增长。

在技术前沿层面，纳米科技对产业的颠覆性和变革性特征凸显，成为技术变革和产业升级的重要源头，并极大地改变了人类的生活方式。纳米科技带来了量子加密材料、行星探测传感器、柔性电子材料、新型半导体加工技术和可穿戴人工肾脏等颠覆性技术创新；

新冠疫情以来，新型纳米材料和技术在防护口罩、防护服、检测试剂等研发中实现了重要应用。未来10～15年，纳米科技将深度应用于信息、能源、环保、生物医学、制造、国防等领域，形成基于纳米技术的新兴产业。

在国家战略层面，全球主要国家和经济体相继布局，把纳米科技作为未来科技、工业和经济领域竞争的制高点。发达国家希望通过纳米科技引领下一次产业革命；发展中国家则借此获得跨越发展的机遇。美国于21世纪初启动国家纳米技术计划（NNI）；欧盟在框架计划FP6、FP7和地平线计划中一直部署纳米基础研究；日本在第二～五期科学技术基本计划中，连续将纳米科学确定为优先领域。目前，我国纳米科技研究已进入世界先进行列，成为我国最有希望实现跨越发展的领域之一。因此，纳米科技已经成为我国在基础前沿和变革性关键技术领域取得领先的重大机遇。我国纳米科技研究几乎与世界同时起步，经历了近40年的发展，取得了世界瞩目的突出成就。党的十八大以来，我国纳米科技发展紧密围绕四个面向，取得了从基础理论到应用实践的多项原始创新，在抗击新冠疫情、航空航天、国防安全等方面，发挥了坚实作用。我国纳米科学研究机构的国际竞争力稳步提高，据自然指数（Nature Index）排名，高质量纳米科学研究产出前100位的机构大多来自美、中这两个纳米科学研究大国。全国科技创新大会等明确指出纳米科技的创新发展为我国成为一个有世界影响的大国奠定了重要基础。

二、未来优先发展领域

1. 新材料领域

经过几十年的长足发展，我国在纳米新材料领域已形成一系列有典型代表性的材料体系，如石墨炔新型碳材料、单原子催化剂、无机二维材料、稀土功能材料、限域催化材料等。制备决定未来，纳米新材料的发现必须依靠纳米尺度结构的精准设计与可控合成。随着合成化学、纳米测量技术的快速发展，纳米新材料的精准设计与合成及其性能探索已成为当今新材料研究领域的重中之重。

未来10～15年，纳米新材料领域需重点布局：① 结合理论模拟精确构建纳米材料新结构体系，发展团簇新结构、拓扑电子材料、新型碳结构、稀土功能材料、无机超导新结构等高新性能材料。② 构建纳米新材料的精准合成方法学，控制合成过程中相互作用力、表界面行为、成核过程、限域行为等，实现分子原子级控制，获得核心关键材料的可控合成，构筑实用的新材料体系。③ 系统研究纳米材料表面态、体态与基本物性之间的关联规律，获得其本征物性的决定性影响规律，结合理论计算发现新功能纳米材料体系。④ 加强我国现有的典型代表性材料研究，以国家重大需求为导向，放量制备装备。

2. 跨尺度领域

纳米科学技术的发展始于尺寸效应的研究。到目前为止，已发展了以量子尺寸效应为代表的半导体纳米晶体系，以富勒烯、Au团簇等为代表的具有精确原子结构的团簇体系，并系统研究了构效关系。然而，对于团簇与单分散纳米晶体之间如何过渡、原子/分子聚集体如何实现量变过程到质变过程的转化等科学问题，尚缺乏系统性研究。近年来，随着亚纳米尺度材料等新兴方向和冷冻电镜等技术的发展，已具备了开展跨尺度研究的条件。我国科学家在纳米团簇控制合成及表征、亚纳米尺度材料概念及合成方法等方向拥有良好的研究基础。

未来可重点布局的方向包括：① 亚纳米尺度材料合成方法学及构效关系研究；② 纳米团簇–亚纳米尺度材料–单分散纳米晶跨尺度

可控合成、组装及构效关系的全链条研究；③ 跨尺度理论模拟。

3. 自组装与仿生领域

目前，国内外科研机构均致力于开发新构筑单元和组装方法，在空间乃至时间上调控多级次组装体的结构与功能。我国在纳米结构单元的可控合成、自限制组装和图案化设计等方面的研究成为优势方向。未来有望实现大规模自组装体的制备，并在微纳电子器件、能源和生命科学等广阔领域获得应用。此外，在仿生材料构筑方面，我国的产出规模在世界上占有领导地位；但实现仿生材料的可控构筑并获得宏观尺度的材料性能仍然面临很大挑战。

未来10～15年，自组装与仿生领域需重点布局：① 在对自然生物材料深入解析的基础上，获取自然生物材料的构效关系，提取有效的仿生原理。② 在分子层次上，自下而上地设计和合成组装基元，实现在尺度、空间和组装过程乃至时间顺序上程序化调控纳米结构单元的组装方式、构型和序列，构筑多层次多维度的组装结构。③ 在宏观层次上，以功能为导向实现自组装材料从结构仿生到功能仿生的构筑，如手性自组装材料及表界面仿生材料等。④ 从非活性组装体到生命活性的多功能自组装结构的构筑，真正实现材料的智能化、实用化。⑤ 发展高效的仿生制备技术，实现具有实用价值的新型仿生材料的宏量构筑。

4. 纳米催化领域

纳米催化的目标是发展以原子、分子为起点的跨尺度纳米催化体系，面向功能分子和生物医药分子的高效绿色合成、能源高效转化、环境治理等，开展催化材料、催化体系、催化机理三方面的创新研究，解决人类可持续发展所需的资源、能源、环境、化学工业等相关问题。我国的纳米催化研究基本与国际同步，在单原子催化、限域催化、一碳化学品转化等若干领域居于领先水平；在催化剂产业方面则比较落后。

未来，纳米催化领域需重点布局：① 基于单原子催化、限域催化、仿生催化、多位点协同催化的新型催化剂体系设计和反应体系研究。② 跨尺度催化研究，包括从原子级分散、团簇、纳米晶到多级结构的跨尺度催化材料的设计和制备。③ 真实反应条件下的表征和催化性能研究，包括真实反应条件下从宏观（结构统计分析）到微观（原子分子层面）的催化剂结构表征和结构重构研究。④ 针对新型能源小分子（如氢气）以及构建高值化学品的小分子（如 CH_4，CO，CO_2，N_2）的催化活化转化过程。

5. 表界面研究

纳米材料的表界面结构对其物理、化学性能有着重要的影响，是规模化制备高质量纳米材料并精准调控其性能的关键。近年来，随着大量纳米材料的涌现及其独特性能的发现，国际上纳米材料的表界面研究正在不断与材料的合成和应用相互促进。我国的纳米材料表界面研究有很好的积累，在超浸润纳米界面、高指数晶面纳米晶体、界面限域催化、表面增强光谱技术、纳米表面配位化学等方面取得国际公认的研究成果，正在国际上形成重要特色。

未来可重点布局的方向包括：① 纳米表界面结构化学——发展具原子精度的模型纳米材料体系，系统梳理不同纳米材料的表界面结构化学；② 纳米表界面化学反应机制研究——在分子层面上理解纳米材料的表界面微观化学过程，以实现对纳米材料化学性能的精准调控。

6. 纳米器件与传感领域

纳米器件方面，光电子技术在 2000 年之后取得飞速发展，经历了从单元器件到规模化集成的技术过渡，目前大规模光电子集成器件及芯片已经成为国际竞争最激烈的领域之一。我国面临着巨大的挑战。我国集成光电子器件及芯片进口额巨大，是我国第一大进口商品。我国在基础单元器件方面积累了一定的经验与技术；但是，综合技术十分薄弱。

因此，未来既要加强单元器件的研制，也要布局集成器件的整链开发，为国家提供技术储备。纳米器件研究需重点布局：建立国家重大需求牵引，涵盖基础与应用研究相结合的整体布局，包括纳米感知材料、纳米效应、纳米器件结构，并且融合纳米能源一体化技术、多源融合辨识以及纳米加工等，形成完整的研发体系。要解决的科学问题有：① 研究纳米器件中物理、化学与生物特性，建立相应的分析、仿真与测试评价方法，探索器件中的纳米效应相关基础科学问题；② 研究通过控制纳米材料结构、器件工艺等调控纳米效应，实现优异的纳米器件功能与传感特性，建立从纳米效应到器件的桥梁。

传感技术方面，纳米传感器集超高灵敏度、小型化、集成化和可视性等优异性能于一体而备受重视。美国、日本等均投入巨资发展纳米尺度的传感技术。近年来，我国在公共安全、环境监测、生物安全、工矿企业安全等方面的传感检测需求快速增长。我国在纳米材料的生物、化学、物理传感领域的基础理论研究方面取得了国际先进成果，但在面向应用的纳米传感器研发方面与国外差距较大，缺乏国际竞争力。

未来纳米传感技术研究应重点布局：① 实现传感活性材料和结构的精确组装与调控，构筑具有特定解耦功能的感知材料；② 建立纳米尺度的新型仿真方法，探索多场复杂环境下纳米传感结构内部与界面上光子、电子、离子、磁场和压力等物理量的变化和传输规律，利用精准电路/光路等设计方法实现纳米尺度多模态、多维度信号的捕获、传输与解调，实现纳米传感器的智能化；③ 开展多维复杂环境下，纳米传感器性能科学评估方法、纳米感知材料–传感性能构效关系研究，提升纳米传感器复杂环境中的可靠性设计与试验技术，提高探测的稳定性和重复性；④ 发展纳米制造工艺和高端纳米制造装备，促进纳米传感器的微型化与集成化。

7. 极限测量领域

纳米极限测量研究在纳米科学领域还没有发挥应有的作用。目前表征手段比较单一，测量精度也有待提高，制约了人们对纳米尺度下各种现象和机理的理解。长期以来，欧美日等发达国家（地区）高度重视透射电子显微术的研究，形成了技术领先优势。我国对先进透射电子显微术的研究和应用也十分重视，在仪器规模、技术研发、物质结构研究及人才培养等方面取得了令人瞩目的成就，有力地推动了我国纳米科学的发展。但是在高端电镜研发、基础理论研究、新表征技术的探索和应用方面仍与发达国家有相当的差距。

未来，极限测量技术的研究应重点布局：① 加强极限光谱学研究，特别是超快时间分辨和高空间分辨率、具备实时和原位分析能力的光谱学探针的研究，引导光谱研究方法与纳米科学的交叉；② 与表界面研究联合，进一步发展空间、时间和能量域下的极限测量方法，实现原子分子尺度的原位、实时和动态表征；③ 完善现有的扫描探针显微术，光谱、能谱技术以及理论模拟仿真等平台的集成，在此基础上发展新技术、新方法，最终实现精确结构分辨下的物理化学性质测量；④ 随着以同步辐射和自由电子激光为代表的大型光子科学装置的迅速发展和建设，实现对非模型体系、非晶态材料的结构解析和特定元素周围的电子转移等超快过程探索。

8. 纳米理论研究

基于第一性原理的电子结构计算方法可以预测纳米材料的结构与性能，理解实验现象，指导实验研究，在纳米科学研究中发挥着重要的作用。近年来，我国在纳米理论方面发展迅速，发展了一些在国际上有影响力的理论与计算方法，如非绝热动力学方法、线性标度的基态电子结构计算方法等；揭示了纳米结构催化机理，提出了一些纳米电子学、光电与光催化材料新概念。

未来，纳米理论研究需重点布局：① 发展快速、准确描述复杂纳米体系电子结构的计算方法，多尺度模拟复杂纳米体系在外场下的结构与性能的动态响应与演化，实现纳米结构中电子与自旋相互作用的精确描述；② 结合物理基本原理与机器学习，发展纳米体系设计思路，设计纳米材料与结构实验，指导实验研究。

9. 纳米生物医学

纳米生物医学包含了纳米药物、纳米诊断与分子影像、纳米生物催化与纳米酶、纳米生物材料、纳米生物传感与检测、纳米生物效应与安全性等多个研究方向。近年来，纳米技术在医药领域的应用越来越广泛，相关纳米生物技术的研究突飞猛进、取得了大量突破性进展。药物输送和疾病的精准治疗是近年来纳米生物医学研究中的核心内容和主要应用，表现出强劲的发展势头。

未来纳米生物医学领域的重点布局包括：① 智能纳米药物递送系统设计及其体内代谢与生物相容性的研究；② 纳米酶催化模型的建立及催化机理的精确解析，纳米酶的理性设计及催化活性的精确评价与调控；③ 智能纳米诊疗探针的理性设计及组装制备，开展细胞、活体水平的高分辨、多参数、多模态、多维度可视化成像分析，实现针对特定疾病的成像诊断。

10. 纳米技术的变革性应用：纳米能源

我国在硅基光伏面板、LED 照明与显示、锂离子电池等方面，具有庞大的市场和完善的产业链，产业规模均居于世界前列，有着重要的国际地位，但同时也存在原创技术少，高端制造所需的材料、电子元件与设备“卡脖子”等问题。

未来需要布局的重点方向：① 改变能源结构的“绿色”建筑能源。包括基于钙钛矿和有机薄膜的建筑光伏，高密度、高安全的楼宇储能技术，辐射制冷、智能窗材料与技术等。② 未来信息技术与移动装置的能源系统，包括5G通信用全固态锂电池与相关材料，固态电容、低温烧结陶瓷与纳米粉体，以及热电、压电、摩擦电等微小能源系统等。

Abstract

1. The Development Trend of Nanoscience

Nanoscience is the masterpiece of interdisciplinary integration, the source of transformative technologies in the future, and the strategic commanding point of international competition. Nanotechnology has driven the rapid development of multiple disciplines and frontier fields, becoming a new engine for scientific development. Various cutting-edge technologies in the 21st century, such as artificial intelligence, big data, Internet of Things and mobile communication, are based on nanotechnology.

On the scientific level, nanoscience brings together scientific issues at the nanoscale in the fields of chemistry, physics, biology and materials. It has become the most active frontier research field in modern science, playing an innovative, leading, penetrating and driving role in basic science. Data from Elsevier shows that the output of nanoscience has grown explosively in the past 20 years. The growth rate of nanoscience literature is 3.2 times that of global literature, and the number of scientific researchers engaged in nano-related research has also increased significantly. The integration with nanotechnology drives the development of basic disciplines, and nanoscience literature has covered a wide range of cutting-edge research around the world. In the last five years, 89% of the most discussed research topics in the world are nano-related.

On the technical level, nanotechnology has been becoming an important source for technological change and industrial upgrading, and has greatly changed the way of life. It has brought technological innovations such as quantum encryption materials, planetary detection sensors, flexible electronics materials, new semiconductor processing technologies and wearable artificial kidneys. During the COVID-19 pandemic, nanomaterials and technologies have achieved important applications in protective masks, protective clothing, detection reagents. In the next 10 years, nanotechnology will be deeply applied in the fields of information, energy, environment, health and manufacturing, forming a new industry based on nanoscience.

On the strategic level, major countries (regions) around the world have made arrangements to take nanotechnology as the commanding heights of future competition. Developed countries hope to lead the next industrial revolution through nanotechnology while developing countries take this opportunity to achieve leap-type development. The United States launched the National Nanotechnology Initiative (NNI) at the beginning of the 21st century. The European Union has been deploying basic nanotechnology research in the Framework Program FP6, FP7 and the Horizon Project. Japan has continuously identified nanoscience as a priority area in the 2nd to 5th science and technology basic plan. At present, nanotechnology research in China is one of the most promising fields to achieve spanning development. Therefore, nanotechnology has become a major opportunity for China in basic frontier fields and transformative technologies. China started almost at the same time as the world and has made outstanding achievements after nearly 40 years' development. Since the 18th National Congress of the Communist Party of China, research on nanotechnology has achieved many original innovations from basic theories to applied technologies in the fields of epidemic prevention and control, aerospace, national defense and security, etc. The international competitiveness of nanoscience research institutions in China has steadily improved, ranking among the best in the Nature Index.

General Secretary Xi Jinping clearly pointed out on important occasions that the innovative development of nanotechnology has laid an important foundation for China to become a major country with global influence.

2. Priority Areas for Future Development

1) Field of Advanced Materials

After decades of rapid development, China has formed a series of typical material systems in the field of nanomaterials, such as graphyne carbon materials, single-atom catalysts, inorganic two-dimensional materials. Production determines the future, and the discovery of new nanomaterials must rely on the precise design and controllable synthesis of nanoscale structures. With the rapid development of synthetic chemistry and nanometer measurement, the precise design, synthesis and performance exploration of new nanomaterials have become the top priority in the field of advanced research on materials today.

2) Cross-scale Domain

The development of nanoscience and technology began with the study of size effects. So far, semiconductor nanocrystalline systems represented by quantum size effects, and cluster systems with precise atomic structures represented by fullerenes and Au clusters have been developed, and the structure-function relationship has been systematically studied. With the development of emerging fields, such as sub-nanoscale materials and cryo-electron microscopy in recent years, the conditions for conducting cross-scale research have been established. Chinese scientists have a good research foundation for the controlled synthesis and characterization of nanoclusters, the concept of sub-nanoscale materials and synthesis methods.

3) Self-assembly and Biomimetic Field

At present, domestic and foreign scientific research institutions are both committed to developing new construction units and assembly methods to regulate the structure and function of hierarchical assemblies in space and time. Research on the controllable synthesis of nanostructured units, self-limiting assembly and patterned design have become advantageous fields in China. In the future, it is expected to realize the production of large-scale self-assembled bodies, applied in a wide range of fields such as micro/nano electronic devices, energy and life sciences. In addition, China's output scale in the construction of biomimetic materials occupies an absolute leading position in the world. However, to achieve the controllable construction of biomimetic materials and to obtain macro-scale material properties still face great challenges.

4) Nano-catalysis

The goal of nano-catalysis is to develop a cross-scale nano-catalytic system that facilitates efficient green synthesis, efficient energy conversion and environmental governance. Innovative research on catalytic materials, systems and mechanisms should be developed to solve issues related to sustainable development of mankind, such as resources, energy, environment and chemical industry. The research of nano-catalysis in China is basically synchronized with the world, leading in several fields such as single-atom catalysis, confinement catalysis, and one-carbon chemical conversion, but lagging behind in the catalyst industry.

5) Research on Surface and Interface

The surface and interface structure of nanomaterials has an important influence on the physical and chemical properties, and is the key to large-scale production of high-quality nanomaterials and the precise control of their properties. There has been a good accumulation of surface and interface studies of nanomaterials in China, and internationally recognized research results have been obtained in such aspects: superwetting nanomaterial interface, nanocrystals with high index crystal surface, interfacial confinement catalysis, surface enhanced spectroscopy, and coordination chemistry of nanomaterial surface.

6) Nano-devices and Sensing Field

In terms of nano-devices, optoelectronic technology has developed rapidly since 2000, and has experienced a technological transition from unit devices to large-scale integration. At present, large-scale integrated optoelectronic devices and chips have become one of the most competitive fields in the world and China is facing enormous challenges. Although China has accumulated certain experience and technology in basic unit devices, the comprehensive technology is still very weak. Therefore, it is necessary to strengthen the research on unit devices and the development of the entire chain of integrated devices in the future, to provide technical reserves for China.

In terms of sensing technology, nano-sensors have excellent performance such as ultra-high sensitivity, miniaturization, integration, and visibility. The United States and Japan have invested heavily in the development of nano-scale sensing technology. In recent years, the testing demand in public safety, environmental monitoring, biosafety, and industrial/mining enterprise safety is growing rapidly in China, which has made internationally advanced achievements in basic theoretical research in the fields of biological, chemical, and physical sensing of nanomaterials, but is far behind foreign countries in the development of application-oriented nano-sensors.

7) Extreme Measurement Field

At present, the research of nanometer extreme measurement has not played its due role in the field of nanoscience, which restricts people's understanding of various phenomena and mechanisms at the nanometer scale. The characterization method is relatively simple, and the measurement accuracy needs to be improved. For a long time, developed countries have attached great importance to the research of transmission electron microscopy. China also attaches great importance to the research and application of advanced transmission electron microscopy, and has made remarkable achievements in technical development, material structure and personnel training, strongly promoting the development of nanoscience in China. However, there is still a considerable gap in the research and development of high-end electron microscopes, basic theoretical research, and the exploration and application of new characterization techniques.

8) Nano-theoretical Research

Electronic structure calculation methods can predict the structure and performance of nanomaterials, understand experimental phenomena and guide experimental research. It plays an important role in nanoscience research. In recent years, China has developed rapidly in nano-theories as well as calculation methods with international influence. The mechanism of nanostructure catalysis has been revealed, and new concept of nanoelectronics, photoelectric as well as photocatalytic materials have been proposed.

9) Nano-biomedicine

Nano-biomedicine includes nano-medicine, nano-diagnosis and molecular imaging, nano-biocatalysis and nano-enzymes, nano-biomaterials, nano-biosensing and detection, nano-biological effects and safety, etc. In recent years, Nanotechnology is more widely applied in the field of medicine, and the research related to nanobiotechnology has made rapid progress with lots of breakthrough outcomes. Drug delivery and precise treatment of diseases have been the core content and main application of nano-biomedicine research recently, showing a strong tendency of progression.

10) Revolutionary Applications of Nanotechnology

The industrial scale of silicon-based photovoltaic panels, LED lighting and displays, lithium-ion batteries and consumer electronics in China is at the forefront of the world due to the huge market and complete industrial chain. But problems, such as lack of original technologies, high-end manufacturing materials, electronic components, and equipment, still exist.

3.Measures and Safeguards

In order to strengthen research in nanoscience and accelerate the development of nanoscience disciplines, the following measures are recommended:

(1) To optimize the distribution of disciplines and reform the evaluation system.

(2) To integrate scientific research resources and establish a large-scale platform.

(3) To pay attention to policy linkage and strengthen the talent system.

(4) To attach importance to basic research and encourage interdisciplinary trials.

(5) To formulate global strategies and promote international cooperation.

(6) To open up and reform applications with overall balanced development.

This book presents the endorsed results of important studies in basic and applied areas of nanoscience and nanotechnology. It serves as a science policy initiative to the consulting program of NSFC and CAS, addressing the requirements for the medium-term and long-term planning on scientific and technological development. We wish to thank all the participants for their valuable insight and dedicated work in conducting this strategic study of nanoscience. Despite the complete list of the expert panel, the core experts need a specific introduction here.

Prof. Yuliang Zhao, the director of this program, is the Director of NCNST and Director of CAS Key Laboratory for Biomedical Effects of Nanomaterials and Nanosafety. He was elected CAS member in 2017 and fellow of TWAS in 2018. He built the worldwide earliest laboratory specifically focusing on the investigation of nanotoxicity in 2001, with an emphasis on the safe and sustainable development of frontier sciences and technologies. Prof. Zhao is the author of over 500 manuscripts and over 26 patents worldwide. His publications have been cited about 37000 times (H-index ca.100) worldwide. Prof. Zhao has greatly contributed to the discovery of novel biochemical properties of materials on nanoscale, the initiation of forefront in multidisciplinary nanosciences, the promotion of nanomedicine application, and the public consciousness for responsible research in China.

Prof. Jin Zhang, the deputy director of this program, works in the

College of Chemistry and Molecular Engineering, Peking University. He was appointed Deputy Director of Key Laboratory for the Physics and Chemistry of Nanodevices in 2003, and Deputy Dean of the College of Chemistry and Molecular Engineering, Peking University, in 2015. Since 2018, Prof. Zhang has been appointed the Deputy Director of NCNST.

Prof. Zhiyong Tang joined NCNST in 2006. His research interest focuses on fabrication, assembly and application of inorganic nanomaterials in the field of energy and catalysis. Prof. Tang used to be Chief Scientist of National Basic Research Program of China as well as Chief Scientist of Innovative Research Group of NSFC. He served as scientific editor of *Nanoscale Horizons*, associate editor of *Materials Today Energy*. Prof. Tang became the Deputy Director of NCNST in 2017.

Prof. Qing Dai joined NCNST in 2012. He is currently Distinguished Professor at CAS and fellow of the Royal Society of Chemistry. He received the National Science Fund for Distinguished Young Scholars and the Science and Technology Award for Chinese Youth in 2019. Professor Dai's research focuses on manipulating the polaritons in nanomaterials to solve the key scientific problems of photoelectric signal conversion at the micro-nano scale.

Dr. Shuxian Wu is currently a researcher in NCNST. She provided contributions for the whole program, very much engaged in coordinating, writing and editing, and in pushing everyone along to get the best possible results.

目　录

第一章

学科发展战略

第一节　纳米科学的战略地位

纳米科学是多学科交叉融合的智慧结晶，也是未来变革性技术的重要源泉，已成为国际上竞相争夺的战略制高点。纳米科技以其多学科交叉性、基础性、引领性和变革性的特征，带动多个学科、多个前沿领域快速发展，成为推动科学发展的新引擎。纳米科技正在成为变革技术产生的源泉，21 世纪的各类前沿技术，人工智能、大数据、物联网、移动通信、自动驾驶等，无不是以纳米科技作为基本的支撑。

在科学前沿层面，纳米科学汇聚了化学、物理、生物、材料等多学科领域在纳米尺度的焦点科学问题，已经成为现代科学最活跃的前沿研究领域，在基础科学中起到创新性、引领性、穿透性和带动性的作用。主要体现在以下几方面。

一、纳米科学与各个基础学科交叉融合，带动基础学科的发展

对文献数据库的统计和分析，显示了纳米科学的知识流动对各个基础科学领域发展的影响（图 1-1）。整体来看，纳米科技在物质科学中广泛分布，且向生命科学、健康科学等渗透，说明纳米科技作为普适性科学技术正在与多个学科融合。数据分析表明，纳米科技的发展带动了这些传统学科的快速进步。

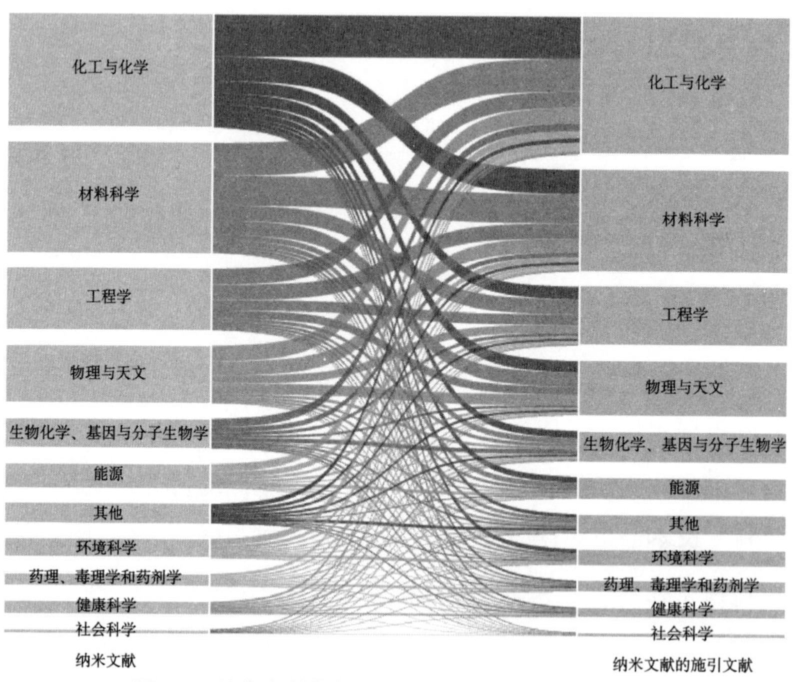

图 1-1　纳米文献的知识流出图谱（2015～2019 年）

数据源：Scopus

二、纳米科学引领全球研究前沿

根据统计和分析，纳米研究文献广泛覆盖了近年来全球前沿研究主题（图 1-2）。2015～2019 年，全球共有 960 个最受关注的

研究主题（高显著度主题），其中 89% 的主题与纳米相关，39% 与纳米强相关（主题中至少有 10% 的文献与纳米相关）。这些前沿研究主题包括：太阳能电池、石墨烯、锂电池、等离激元超材料、生物传感器、催化剂、半导体量子点、药物制剂等。纳米与当前极具发展前景的研究领域紧密结合，引领了全球科学研究前沿。

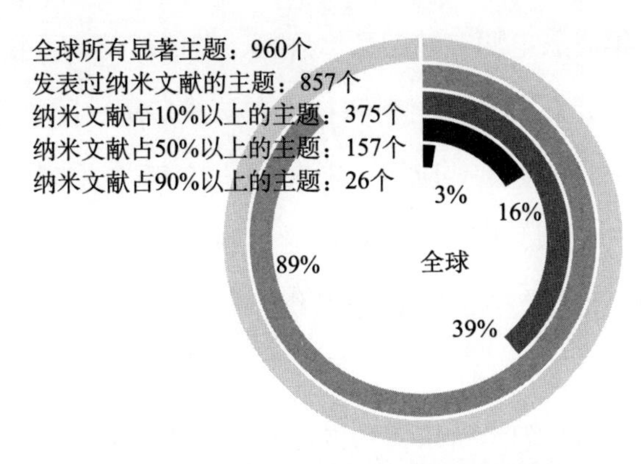

（a）纳米文献在全球高显著度主题中的覆盖度

数据源：Scopus, Scival

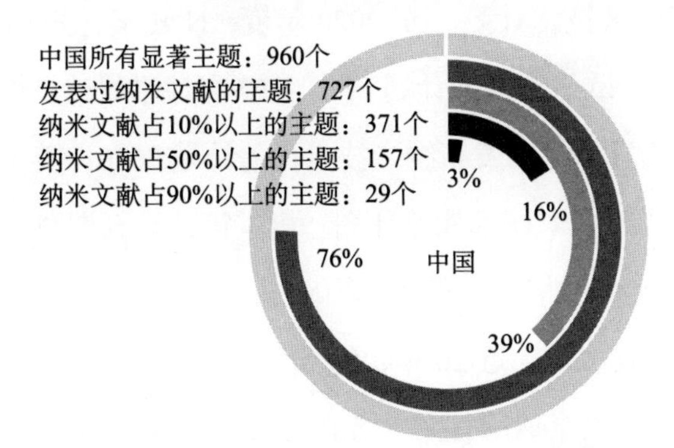

（b）纳米文献在中国高显著度主题中的覆盖度

数据源：Scopus, Scival

图 1-2　纳米科技在前沿科技领域的影响力分析

（国家纳米科学中心、爱思唯尔，2021）

在前沿技术层面，纳米科技对产业的颠覆性和变革性特征凸显，成为技术变革和产业升级的重要源头，并极大地改变了人类的生活方式。据 Elsevier 数据库统计，纳米文献的专利引用率高于全球平均水平，体现了纳米研究成果从基础端向产业端的输入力度，说明纳米科学为产业发展提供了强劲支撑。纳米科技带来了量子加密材料、行星探测传感器、柔性电子学材料、新型半导体加工技术和可穿戴人工肾脏等颠覆性技术创新；智能手机是纳米科技应用的集大成者，纳米技术已全方位覆盖到它的制造与使用中：从芯片集成、电源存储到柔性屏幕、智能传感、卫星通信等。新冠疫情以来，新型纳米材料和技术在防护口罩、防护服、检测试剂等研发中实现了重要应用。未来10～20年，纳米科技将深度应用于信息、能源、环保、生物医学、制造、国防等领域，产生新技术变革，促进传统产业改造升级，形成基于纳米技术的新兴产业。

在战略层面，纳米科技受到世界各国（地区）政府高度重视，它们纷纷开展战略部署，抢占纳米科技制高点。美国于21世纪初启动国家纳米技术计划，至2020年度，NNI累计资助金额超过290亿美元。欧盟在框架计划FP6、FP7和地平线计划中一直部署纳米基础研究；德国发布纳米技术行动计划2020，英国、法国也发布了本国的纳米技术战略计划。日本第二～五期科学技术基本计划中，连续将纳米科学确定为优先领域，并发布了纳米与材料科学技术研发战略。近20年，纳米科学的产出呈爆发式增长，纳米文献的增速是全球所有文献增速的3.2倍，越来越多的科研工作者在从事与纳米相关研究。在基础研究的推动下，全球纳米科技发展呈现以下特点和趋势：纳米科技向各个领域快速渗透，由单一技术向集成技术转变；多学科交叉，集中解决重大的科学挑战问题或孕育重大突破的应用技术；形成基础研究 - 应用研究 - 技术转移的一体化研究模式。

因此，纳米科技已经成为我国在基础前沿领域和变革性关键技术取得领先的重大机遇。纳米技术使拥有纳米技术知识产权和广泛应用的国家未来在国家经济和国防安全方面处于有利地位。经济发达国家希望通过纳米科技整合基础研究、应用研究和产业化开发，引领下一次产业革命，纳米科技同时也为发展中国家提供了在技术上获得跨越发展的机遇。我国作为推动纳米科技发展的主要国家之一，一直高度重视纳米科技研发。“十二五”期间就通过纳米研究国家重大科学研究计划对纳米科技进行了布局；2006 年《国家中长期科学和技术发展规划纲要（2006—2020 年）》中将纳米科技作为我国有望实现跨越式发展的领域之一，将纳米科技列为优先发展和重点支持的领域。2009 年由自然科学基金委资助的“纳米制造的基础研究”重大研究计划，遵循“有限目标、稳定支持、集成升华、跨越发展”的总体思路，针对国家重大需要和前瞻性两种类型的核心基础科学问题开展纳米制造的基础研究；同时还支持了一批重点和面上项目。通过对全球纳米科学 SCI 论文的资助机构进行分析发现，自然科学基金委资助发表的论文最多。我们要坚持创新驱动发展，加强在数字经济、人工智能、纳米技术、量子计算机等前沿领域合作。各国应该把握新一轮科技革命和产业变革带来的机遇，加强前沿领域合作，共同打造新技术、新产业、新业态、新模式。

纳米技术为我国实现在前沿科学和新技术领域的跨越式发展，突破科学创新与技术创造不足的难题，提高我国基础研究的原始创新能力，推动我国高技术产业领域的技术变革，提供了难得的机遇。

第二节　纳米科学的发展规律与发展态势

纳米科学技术以其多学科交叉型、综合型、平台型的特征，对多个基础学科的学术产出与学术影响力有显著贡献，是推动科学发展的新引擎。据 Elsevier 对 2000～2019 年发表的世界科技文献的数据统计，过去二十年，纳米科学的学术产出呈现爆发式增长（图 1-3），纳米学术文献的增速是全球所有文献增速的 3.2 倍，越来越多的科研工作者在从事纳米相关研究；且全球纳米研究成果的学术影响力是全学科的 1.6 倍（图 1-4）。发表纳米研究论文最多的学科是材料科学、化学工程等；而分子生物学、毒理学等学科的纳米文献量年均增长最快。这充分表明，纳米科技的发展带动了这些传统学科的快速进步。

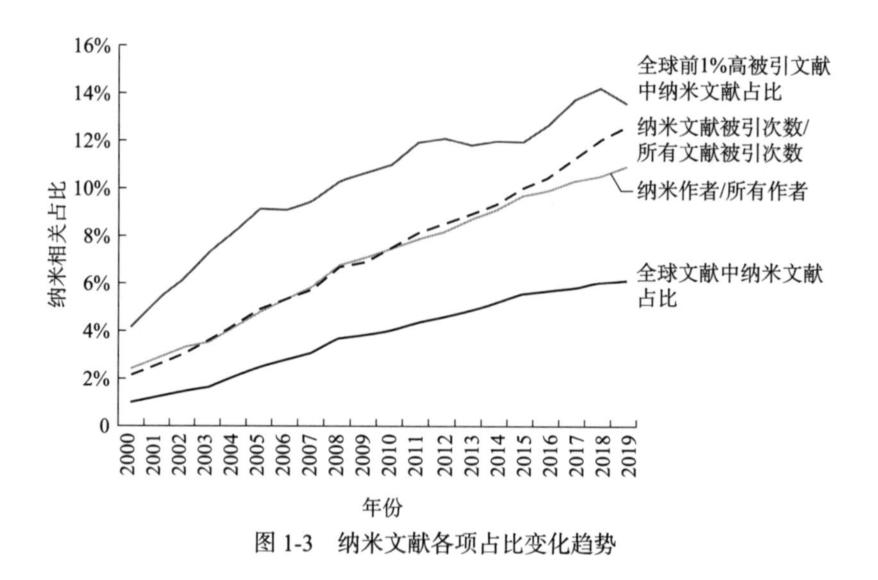

图 1-3　纳米文献各项占比变化趋势

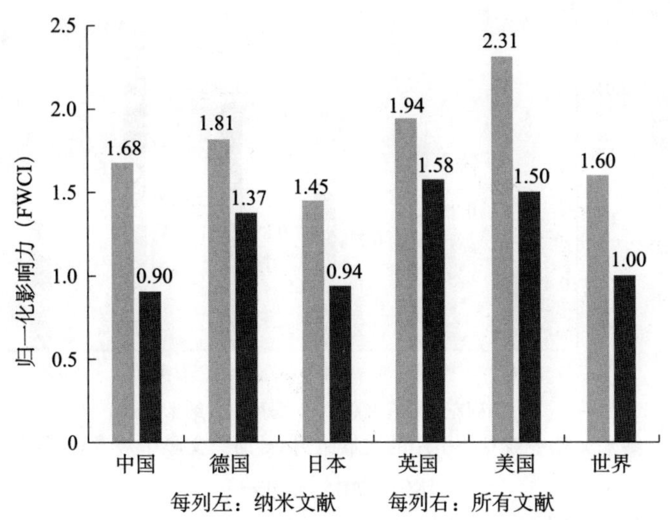

图 1-4　五国及世界的纳米文献与所有文献的归一化影响力比较

数据源：Scopus

注：归一化影响因子（Field-Weighted Citation Impact，FWCI）在一定程度上反映了被评估主体发表文章的学术影响力，相比于总被引次数，FWCI 从被评估主体发表文章所收到的总被引次数相比于与其同类型发表文章（相同发表年份、相同发表类型和相同学科领域）所收到的平均被引次数的角度出发，能够更好地规避不同规模的发表量、不同学科被引特征、不同发表年份带来的被引数量差异。如果 FWCI 为 1 意味着被评估主体的文章被引次数正好等于整个 Scopus 数据库同类型文章的平均水平。

纳米科学在发展基础研究的同时，也为应用技术和产业创新提供动力。据 Elsevier 数据库统计，纳米文献被专利引用率高于全球平均水平（图 1-5），体现了纳米研究成果从基础端向产业端的输入和转化力度，说明纳米科学为产业发展提供了强劲支撑。目前，全球纳米技术专利达约 70 万件，主要与“电容式触摸屏”“半导体”“存储”“碳纳米管薄膜”等领域相关；纳米专利最多的产业是电子信息、生物医药、化学、制造和航空航天等领域。

由于学科的高度交叉性，从其重点子领域来看，纳米科学的发展呈现出不同的趋势与特征。主要在表现以下几个方面。

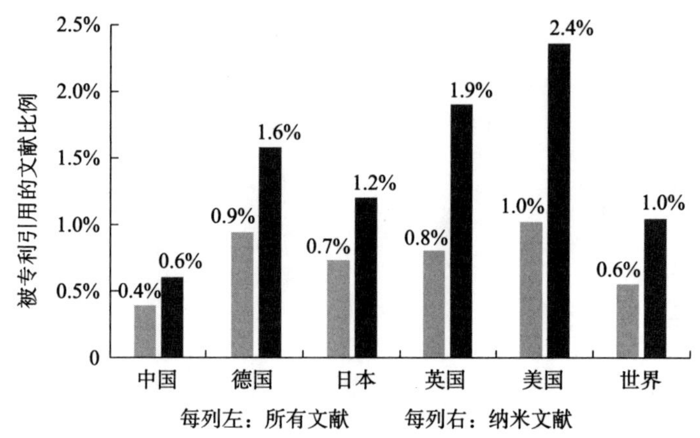

图 1-5　纳米文献中被专利引用的文献比例 vs. 所有文献中被专利引用的文献比例（2015～2019）

数据源：Scopus（国家纳米科学中心、爱思唯尔，2021）

近年来，纳米科学发展由最初单一的纳米材料制备方法，转向纳米材料的结构可控制备、新电子态纳米材料的寻找和纳米材料本征物性的研究；限域效应对材料的力学、电学、热学、磁光学等性能产生重要影响，开拓新应用领域；纳米材料的实用化和产业化进程进一步推进，为 21 世纪的三大支柱——信息、能源、新材料的发展服务；以国家重大需求与市场导向为牵引，开发纳米新材料的“撒手锏”应用。因此，纳米科学发展需要在基础研究、应用技术与成果转化方面，增强自主创新能力，不断取得突破性的成果，加强标准化研究，建立具有中国标签的纳米新材料体系。

纳米科学的发展为人类认识物质世界提供了新的视角。纳米金属颗粒催化的尺寸效应，纳米催化限域效应，单原子催化，半导体量子尺寸效应，富勒烯、碳纳米管、石墨烯、石墨炔等新型碳材料性质的结构依赖性，贵金属纳米晶的表面等离子体共振等均已成为各自领域认知物质本性及物质运动深层次规律的经典案例。然而纳米科学作为一个新的学科领域，依然存在纳米材料精确调控合成、结构 - 性能构效关系、大规模组装等诸多挑战性科学问题。另外，经过多年发展和广泛试验探索，新的尺寸效应的发现也愈发困难，如何在已有经验及知识体系积累的基础上，再次发现新的、具有重大发展机遇的尺寸效应成为该领域进一步发展的瓶颈。

以功能分子或纳米粒子作为组装基元，利用它们之间的各种非共价相互作用力，按照人们的意愿构筑结构可控、性能优越的组装体，并实现它们在不同领域的应用，是当今科学前沿最具挑战性的课题之一。*Science* 在其创刊 125 年之际选取了 25 个具有普遍意义的世纪难题（Stefankiewicz and Sanders，2010），其中唯一与化学直接相关的即为“我们能将化学自组装推进到多远？”；同时指出：如果人们想利用自下而上的方式构筑复杂、有序的结构，将不可避免地更多向自然界学习。

自然界中的生物体为达到对其生存环境的最佳适应，已进化出近乎完美的结构与功能。模仿并复制生物材料的先进构造及功能，是仿生材料科学发展的必然路径。可以预见自组装和仿生研究的未来发展趋势为：① 深入解析自然界广泛存在的各种特异生物材料，提取有效的仿生原理；② 基于仿生原理，探索相关仿生结构的精细构筑方法，并阐明自组装过程的物质及能量转换规律，进一步发展新的组装机理和理论；③ 源于自然并超越自然，探索多重功能仿生，实现从非活性到生物活性组装体的发展；④ 发展高效的自组装制备技术，实现具有实用价值的新型仿生材料的宏量构筑，以满足实际应用需求。

纳米技术使得人们可以在分子和团簇水平上研究催化剂和催化反应。纳米催化的发展方向是在多尺度下整合均相催化、多相催化和酶催化，创造新型高效乃至全新的纳米结构催化剂，同时在原子分子层次上理解和认识催化反应过程。纳米催化的关键科学问题是在原子/团簇/晶体跨尺度层次上精确设计和构筑催化剂，调控活性位的电子结构及所在物理化学微环境，强化纳米结构的高效和定向功能；发展原位谱学和高分辨电镜革新技术，在反应条件下在纳米、分子、原子层次表征催化剂结构和反应过程，在分子层次揭示反应物向产物的转化过程并在能源、环境、化工等重大应用领域发展新的高效工艺。

随着大量纳米材料的合成以及与尺寸、形貌、晶面等密切相关的纳米效应的不断揭示，纳米材料的实际应用正逐渐成为纳米科学关注的焦点。表界面是众多化学和物理过程发生的场所，纳米材料的表界面结构对其物理、化学性能有着重要的影响，对纳米材料的表界面研究是实现高质量纳米材料的规模化制备和对它们性能的精准调控的关键环节。纳米材料表界面研究面临的巨大挑战在于这类材料不拥有分子化合物所具有的组成与结构确定性，当前还没有可以在原子级别上精确地表征实际纳米材料表界面结构和过程的有效手段。纳米材料表界面研究正在形成如下发展态势：① 发展纳米材料表界面研究模型材料体系，包括具有特定裸露晶面的纳米晶体、具有确定分子结构的纳米团簇、单原子活性中心的纳米催化剂等拥有确定表界面结构纳米材料，结合已有技术在原子/分子尺度上表征纳米材料的表界面结构；② 揭示纳米材料表界面过程的分子机制，特别是理解合成中纳米材料表界面结构/形貌的调控要素以及纳米材料表界面结构及性能调控的关键，并形成指导性能精准调控的理论。

纳米传感器是利用纳米尺度材料或结构特异的小尺寸物理、化学和生物效应，将待测目标的物理、化学或生物等信息转换成可测量的声光电磁等信号的装置和器件。利用纳米材料与纳米结构制作的传感器，已经展现出诸多优异特性，包括尺寸小、灵敏度高、选择性高、检测极限低、响应范围大与特异性好等。纳米传感器与人工智能、医疗健康、物联网等信息产业的结合，已经展现出其强大的生命力。纳米传感器的需求一方面把传感器相关的支撑理论推进到原子或者分子尺度，发展出纳米尺度的传感信号耦合新机制、能源调控新原理和新方法；另一方面把纳米材料、纳米工艺，以及器件集成、信号测量等的复杂程度提升至全新水平，对纳米材料的可控生长与新型传感器件的制备提出了新的实现难题。

纳米科学与技术经过数十年的发展，深刻改变了人类对微纳尺度下新的物理和化学机理的认知，实现理性设计和构筑纳米均相和异相材料以及功能化器件的技术，广泛而深远地影响了一系列前沿学科的发展。然而，纳米科学技术也面临新的挑战。一方面，随着合成和制造技术的突破，人类逐步具备在更小尺度实现全新的纳米材料和结构的能力。另一方面，极限微观尺度及表界面不断突破人们对物理化学性质的认识，许多纳米科学的新进展对极限测量技术也提出了更高的要求，比如，单原子催化、单分子探测、原子层厚度低维材料等，这些新型低维度材料体系的实现和迅速发展也为纳米科学研究提供了新的前沿（Wang et al，2005；Novoselov et al，2016）。

就极限测量-光谱学方面而言，纳米科学的发展主要体现在时间尺度和空间尺度的拓展上（Shah，1999）。时间尺度向纳秒、皮秒、飞秒甚至阿秒尺度延伸，空间尺度向微米、纳米、亚纳米尺度延伸。研究内容上，从主要研究纳米科学中的现象过渡到研究现象背后的微观机制。从学科交叉的角度，多模态的实时和原位测量具有重要意义和重大需求。因此，在更短的时间和更小的空间尺度上对纳米性质的探索和控制是设计和调控纳米新材料的必经途径，对具有重大战略意义和重要应用价值前景的能源捕获和转化、催化，新型光电体系及动力学等过程的实时原位测量也是当前纳米极限测量方面的重要趋势。

随着纳米科学的飞速发展和在能源与生命等重要领域的推广和应用，纳米材料所处的环境与体系日益复杂。科学界对纳米材料表征的要求也进一步提高。特别是在原位环境下，在原子分子尺度上，探测纳米材料的结构、能量与电荷的变化与转移过程成为纳米材料极限测量的主要目标（Jin et al，2018；Xu et al，2017；Cavalieri et al，2007）。原位表征、原子级分辨、超快泵浦探测、电子及能量转移过程及动力学等已经成为纳米材料极限探测所追求的趋势和关键领域。

纳米材料的性能依赖于材料中的原子排布，需要在原子、分子尺度上精确调控材料的形貌，揭示材料中原子结构与性能的关联，实验难度大、周期长、成本高。如何在实验初期预知纳米材料的结构与工作条件下的性能，明确材料的生长与性能调控机理，提出具有突破性的纳米材料与技术新概念是关键。应用量子化学理论与计算方法，预言纳米材料独特的结构与性能，阐述纳米结构的生长过程和机理，揭示纳米材料中的新奇量子效应，设计新型纳米功能材料，提出纳米技术新概念以及纳米尺度调控能源转换的新原理，成为创新研究的核心。纳米材料研究的模式从传统的“经验指导实验”向“理论预测—实验验证”模式转变。

纳米技术的变革性应用主要体现在能源、医疗和农业等领域。纳米能源领域聚焦于利用纳米材料与纳米效应变革性提升能源器件的性能；探索纳米尺度效应对载流子产生、储存与输运的影响规律；探索纳米结构、界面、外场等因素对载流子运动的调控；探索宏量材料制备中实现纳米结构精准制备的方法；利用高性能能源纳米器件推动社会能源结构与人类生活方式的转变。随着纳米科学的发展，其在能源领域的优势与应用方向逐渐明朗，科学规律逐渐得到认识，以发现或验证纳米材料与纳米科学规律在能源领域的应用为主的自由探索研究模式逐渐开始向目标牵引、问题导向的研究模式转变。

纳米科学也为加速农业科技原始创新，发展高效、绿色与可持续农业提供了前沿科技手段。农业作为第一产业，从生产资料投入、生产过程、农产品加工与流通到餐桌消费等各环节，均有纳米技术的重要发展空间。因此，加强纳米科学的农业集成创新与应用是发展高效、绿色与可持续农业和战略新兴产业的重大科技需求。尤其是利用纳米材料与技术创制新一代高效、安全与低残留的“纳米农药”，其在缓解农药残留污染与生物抗药性，改善食品安全与生态环境等方面的发展潜力，已经获得了国际科学界的广泛认同。最近国际纯粹与应用化学联合会公布了未来将改变世界的十大化学新兴技术，其中纳米农药居首位。

第三节　纳米科学的发展现状与发展布局

在国家的大力支持下，我国的纳米科学研究发展迅速，整体研究水平已进入世界先进行列，部分方向的研究成果居国际前沿。我国的纳米科学研究一直坚持继承与发展并重，基础与应用并重，不断总结成绩和凝练方向，使我国的纳米科学快速向前发展。我国已拥有一支高素质的从事纳米研究的专业队伍，涌现了一批具有世界领跑水平的研究团队和领军人物。2011 年，中国的纳米科学研究产出跃居世界第一位，纳米科学研究逐步进入国际的主流，并取得了突出的成绩，成为我国可以同步参与国际竞争并有望达到国际领先水平的领域。

据 Elsevier 统计，2000～2019 年，中国发表的纳米文献快速增长（图 1-6），其复合年均增长率（compound annual growth rate，CAGR）达 22.1%，高于同期中国所有学术文献的 14.1%，中国是全球纳米研究成果增长的重要动力。

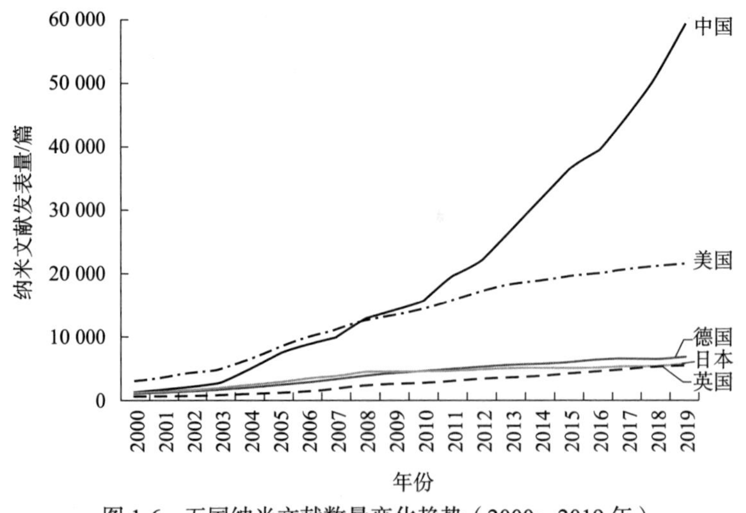

图 1-6　五国纳米文献数量变化趋势（2000～2019 年）

数据源：Scopus

中国纳米文献的高速增长可归因于政府的大力支持——研究资助不断增加。早在 20 世纪 90 年代，自然科学基金委便资助了近 1000 个小型纳米科学项目。2000 年左右，中国科技部资助了纳米材料和纳米结构国家重点基础研究发展计划（973 计划）项目，为该领域的研究提供了稳定的资金支持。凭借持续的研究资助，未来几十年，中国在纳米科学研究领域的优势有望继续扩大。

我国纳米科学研究机构的国际竞争力稳步提高，高水平研究机构不断涌现。根据自然指数数据，高质量纳米科学研究产出排名前100位的机构，大多数来自美国和中国这两个纳米科学研究大国。中科院（包括其下属研究所和国家重点实验室等在内），纳米研究的产出排名第一。而据Elsevier的统计，中科院在世界高水平纳米研究机构中排名第一；特别是，与国际一流纳米研究机构对比，其下属机构国家纳米科学中心的学术影响力居于世界前列。国家纳米科学中心的高被引论文比例高于美国的加州理工大学和哈佛大学，体现了国家纳米科学中心的学术产出具有卓越影响力。

一、新材料领域

人类在新材料的探索道路上从未懈怠过，纳米材料科学的发展也经历着由最初单一的纳米材料研究向新材料探索与发现的过渡。从只关注纳米结构形貌特征与其功能性，逐渐过渡到追求纳米材料合成极限以及深刻认知物质本性和物质运动深层次规律。经过几十年基础研究的长足发展，我国在纳米新材料领域已形成一系列有典型代表性的材料体系，如石墨炔等新型碳材料、单原子催化剂、聚集诱导发光材料、无机二维材料、稀土功能材料、限域催化材料等，已成为新材料领域具有世界引领意义的科学实践经典案例。新材料的发现离不开新奇本征物性的探究与挖掘。近年来高时空分辨和高能量分辨的表征技术的引入，纳米尺度下本征物性调控的强化，为寻找纳米新材料提供了发展路径。例如，纳米空间限域效应及其带来的新电子态，低维半导体的光生新激子，以及纳米尺度电荷、自旋、声子相关耦合相互作用，都颠覆着人们基于传统块材的物性认知，推进了超导、压电、铁电、多铁、声学 / 热学、热电材料等纳米新材料的发展。制备决定未来，纳米新材料的发现必须依靠纳米尺度结构的精准设计与可控合成。随着合成化学、纳米测量技术的快速发展，纳米新材料的精准设计与合成及其性能探索已经成为当今新材料研究领域的重中之重。然而，目前我国新材料研究依然还存在不少瓶颈问题。新材料研究方向仍然盲目追随潮流，缺乏中国标签的高性能和高应用潜力的引领材料，跟踪研究多；共性技术研发处于缺位状态；缺乏良好的资源配置机制和持续有效的投入，技术源头自主创新不足；等等。我们依然面临对于高端核心关键纳米结构基元（包括纳米团簇与粒子、纳米线、纳米管 / 孔道 / 二维材料 / 薄膜）的精准合成与精准组装的挑战，亟须立足于科学问题、产业需求，从几何结构及尺寸可控、表界面、本征物性到规模合成等全方位实现核心关键材料的源头研发。

新材料领域需要重点布局：① 结合理论模拟精确构建团簇、纳米材料新结构体系，发展团簇新结构、拓扑电子材料、新型碳结构、稀土功能材料、高熵合金、无机超导新结构等新高性能材料。② 构建纳米新材料的精准合成方法学，控制合成过程中的相互作用力、表界面行为、成核过程、模板作用、限域行为等，实现原子分子级控制，获得核心关键材料从几何结构、尺寸到本征物性的可控合成，构筑具有实用价值的新材料体系。③ 系统研究纳米材料表面态、体态与基本物性之间的关联规律，获得其本征物性的决定性影响规律，结合理论计算发现光电磁热力新功能纳米材料体系。④ 加强布局我国现有的典型代表材料体系的持续系统性深入研究，发展包括石墨炔等新型碳材料、单原子催化剂、聚集诱导发光材料、无机二维材料、稀土功能材料、限域催化材料等特色材料。以国家重大需求为导向，放量制备装备，积极探索自主创新材料体系的跨越式发展。

需要解决的科学问题是：探悉纳米尺度下原子局域结构与材料功能性之间的关联规律；精确获取纳米材料表面组态与体态基本物性的关联规律；实现纳米材料合成中原子分子级别的精准控制；具有实用价值的高性能纳米材料的绿色高效宏量制备。

二、跨尺度领域

纳米科学技术的发展始于尺寸效应的研究。20 世纪 80 年代以陶瓷增韧为目标的超细粉合成、富勒烯的发现、纳米金催化的尺寸效应等均促进了纳米材料乃至纳米科学领域的发展。到目前为止，已经相对独立地发展了以量子尺寸效应为代表的半导体纳米晶体系，以富勒烯、Au 团簇等为代表的具有精确原子结构的团簇体系，并系统研究了尺寸相关、结构相关的构效关系。然而，对于原子及分子如何经由无明确结构的晶核过渡到有明确结构的团簇，团簇与单分散纳米晶体之间如何过渡，原子 / 分子聚集体如何实现随原子数目、尺寸增加等量变过程到性质突变的质变过程的转化等重要科学问题，尚缺乏系统性研究。近年来，随着亚纳米尺度材料等新兴方向的发展，球差电镜、冷冻电镜等技术的发展，已经逐渐具备了开展跨尺度研究的条件。我国科学家目前在单分散纳米晶合成、单原子催化剂制备、纳米团簇控制合成及表征、亚纳米尺度材料概念建立及合成方法学等方向已经具备了非常好的研究基础，通过合理布局，科学家间的有效合作，可推动该领域的发展。

未来可重点布局的方向包括：① 亚纳米尺度材料合成方法

学及构效关系研究；② 纳米团簇-亚纳米尺度材料-单分散纳米晶跨尺度可控合成、组装及构效关系的全链条研究；③ 跨尺度理论模拟。

三、自组装与仿生领域

目前，国内外科研机构均已开始致力于开发新构筑单元和组装方法，在空间乃至时间上调控多级次组装体的结构与功能，并初步实现了手性结构（Duan et al，2014；Hou et al，2018；Jiang et al，2020；Kuzyk et al，2012；Lee et al，2018；Lv et al，2017；Lv et al，2019；Shopsowitz et al，2010；Yeom et al，2015）、纳米粒子组装结构（Silveira et al，2019；Park et al，2014；Wang et al，2012；Xia et al，2011）、模仿部分生物功能的组装体系等多级次组装结构的构筑（Cheng et al，2018；Feng et al，2017；Gao et al，2017；Huang et al，2019；Liu et al，2019；Liu et al，2018；Mao et al，2016；Yu et al，2018）。经过前期的积累，我国在纳米结构单元的可控合成（Niu et al，2009；Zhu et al，2011）、自限制组装（Xia et al，2011）和图案化设计等方面的研究成为自组装化学学科的优势方向。以自限制组装和图案化设计为代表的组装方法学被认为是实现精细化和可控性自组装体的关键，未来有望实现大规模自组装体的制备，并在微纳电子器件、催化、能源和生命科学等广阔的领域内获得应用。此外，在仿生材料构筑方面，包括结构仿生材料和界面仿生材料，我国的产出规模在世界上占有领导地位。尤其是表界面仿生化学，是由我国主导并引领世界发展的“顶天立地”式的研究领域，从原创基础科研到应用研究取得了一系列国际领先的原创性研究成果（Duan et al，2013；Guo et al，

2016；Liu et al，2013；Meng et al，2018；Wang et al，2011；Wu et al，2015；Feng et al，2018）。虽然目前的研究已经成功实现了若干微纳米尺度、一维至三维结构的自组装材料，获得了某些特定的功能并能模仿自然界中材料的部分功能。但是，总体而言通过自组装实现仿生材料的可控构筑，并获得宏观尺度的材料性能仍然面临很大挑战。

自组装与仿生领域需重点布局：① 在对自然生物材料深入解析的基础上，获取自然生物材料的构效关系，提取有效的仿生原理。② 在分子层次上，由下而上地设计和合成组装基元，实现在尺度、空间和组装过程乃至时间顺序上程序化调控纳米结构单元的组装方式、构型和序列，构筑多层次多维度的组装结构。③ 在宏观层次上，以功能为导向实现自组装材料从结构仿生到功能仿生的构筑，如手性自组装材料及表界面仿生材料等。④ 从非活性组装体到生命活性的多功能自组装结构的构筑，真正实现材料的智能化、实用化。⑤ 发展高效的仿生制备技术，实现具有实用价值的新型仿生材料的宏量构筑，以满足实际应用需求。需要解决的科学问题在于：如何获取自然生物材料的构效关系，提取有效的仿生原理；如何深入理解组装过程的物质及能量转换规律；如何精确控制自组装过程，有效复制或改进生物材料的复杂多级结构和先进功能；如何高效宏量制备具有实用价值的高性能仿生材料。

四、纳米催化领域

纳米催化的目标是发展以原子、分子为起点的跨尺度纳米催化体系，面向功能分子和生物医药分子的高效绿色合成、能源高效转化、环境治理等，开展催化材料、催化体系、催化机理三方面的创新研究，解决人类可持续发展所需的资源、能源、环境、化学工业等与催化相关的关键问题。纳米催化在提高选择性和原材料的利用率、降低副产品量、减轻环境污染、节约成本等方面能够发挥关键作用。

国际纳米催化的布局以欧盟催化科学与技术路线图为代表，总体布局包括三大方面：① 应对能源和化学品需求的催化体系；② 清洁可持续的催化体系；③ 理解催化过程的复杂性。其中的关键科学问题包括新型催化剂的先进设计理念、从分子到材料多尺度下理解催化剂的结构和性质、拓展催化概念。

我国通过自然科学基金委的重大研究计划、重大项目、重点项目，以及科技部的纳米研究国家重大科学研究计划等，在纳米催化基础研究方面进行了布局，研究水平基本与国际先进水平同步，在单原子催化、限域催化、一碳化学等若干领域居于领先水平。在催化剂产业方面则总体处于落后水平。

五、表界面研究

纳米材料的表界面结构对其物理、化学性能有着重要的影响，研究纳米材料表界面微观结构及其影响性能的机制是规模化制备高质量纳米材料并精准调控它们性能的关键。但相关研究所面临的最大瓶颈在于缺乏在原子 / 分子尺度上去解析实际纳米材料表界面精细结构的有效手段，导致难以深入理解它们的表界面行为。近年来，随着大量纳米材料的涌现及其独特性能的发现，国际上纳米材料的表界面研究正在不断与材料的合成和应用形成相互促进发展的良性局面：① 发展纳米材料表界面研究的模型材料体系，

在原子 / 分子尺度上表征纳米材料的表界面结构；② 揭示纳米材料表界面过程的分子机制，以期指导性能的精准调控。基于我国在纳米材料合成领域的优势和已有的材料表征手段，我国的纳米材料表界面化学研究在国际上也正在形成重要特色。

我国表界面研究方面有很好的积累，国家层面不仅成立了表面物理、应用表面物理、固体表面物理化学、催化基础等多个与表界面研究相关的国家重点实验室，而且“七五”期间自然科学基金委就开始组织“固体表面和界面的结构与电子态研究”“材料的表面与界面研究”和“新型纳米结构电极体系的界面结构和性能”等重大项目，形成一支强的表界面研究队伍。近年来，我国在超浸润纳米界面、高指数晶面纳米晶体、界面限域催化、表面增强光谱技术、纳米表面配位化学等纳米表界面研究领域取得系列国际公认的研究成果。

未来可重点布局的方向包括：① 纳米表界面结构化学，发展具原子精度的模型纳米材料体系，系统梳理不同纳米材料的表界面结构化学；② 纳米表界面化学反应机制研究——在分子层面上理解纳米材料的表界面微观化学过程，以实现对纳米材料化学性能的精准调控。

六、纳米器件领域

纳米器件方面，光电子技术在2000年之后取得飞速发展，经历了从单元器件到规模化集成的技术过渡，目前大规模光电子集成器件及芯片已经成为国际竞争最激烈的领域之一，美国、欧盟等纷纷将光子集成产业列入战略性发展规划。在光电子技术快速发展的国际大背景下，我国面临着巨大的挑战，同时也面临重大机遇。我国在基础单元器件方面积累了一定的经验与技术，但是对于实现特定功能的应用型器件的综合技术尚未全面掌握，大规模集成技术的研究也十分薄弱。因此，我们既要加强单元器件的研制，也要布局集成器件的整链开发，为我国未来占领信息技术国际制高点提供技术储备。

发展布局：建立国家重大需求牵引，涵盖基础与应用研究相结合的整体布局，包括纳米感知材料、纳米效应、纳米器件结构、纳米传感与解调集成，并且融合纳米能源一体化技术、多源融合辨识以及纳米加工等，形成完整的研发体系。

瞄准和解决如下科学问题：研究纳米器件中物理、化学与生物特性，建立相应的分析、仿真与测试评价方法，探索器件中的纳米效应相关基础科学问题。研究通过控制纳米材料、结构、器件工艺等调控纳米效应，实现优异的纳米器件功能与传感特性，建立从纳米效应到器件的桥梁。

七、传感领域

传感器是人类认知、感知世界的重要工具。纳米传感器集超高灵敏度、小型化、集成化和可视性等优异性能于一体而备受重视。美国、日本等均投入巨资发展纳米尺度的传感技术，聚焦在环境、健康、医疗、航天、军事等领域进行应用开发。我国随着经济水平提升以及物联网的发展，对家居环境、公共安全、环境监测、人防工事、食品安全 / 质量、有毒有害环境、工矿企业安全等方面的传感检测需求快速增长。我国在涉及纳米孔技术、单颗粒光谱、局域等离子体、纳米荧光探针、纳米多孔薄膜材料、热电材料等的纳米生物、化学、物理传感领域陆续做出原创性的工作；在纳米表面效应理论、纳米应力效应、分子组装和量子理论等诸多基础理论研究方面取得国际先进成果。但在面向应用的纳米传感器方面，其研究与开发体系尚不完整；纳米传感器件的耦合机理、传感解调方法以及新型制备工艺等与国外差距较大；传感器在复杂应用环境下的可靠性、稳定性、重复性存在缺陷；基础理论研究与应用需求之间关联性不够紧密，制约了我国纳米传感技术在航空航天、军事、安全、民生等领域的持续发展，同时降低了在国际应用领域的核心竞争力。

因此建议以纳米传感的应用需求为驱动力，探索制约纳米传感器发展的基础耦合科学问题，发展新型解调原理、新型高性能材料的纳米智能传感器件，结合物理、化学、生物、微电子技术等融合方法，对纳米传感器研究进行整体布局。着重考虑：① 利用纳米技术、界面效应、尺度效应等实现传感活性材料和结构的精确组装与调控，构筑具有特定解耦功能的感知材料，为设计具有特殊可检出传感特性的器件提供新选择；② 建立纳米尺度的新型仿真方法，探索多场复杂环境下纳米传感结构内部与界面上光子、电子、分子、离子、电场、磁场和压力等物理量的变化和传输规律，利用精准电路 / 光路等设计方法实现纳米尺度上多模态、多维度信号的捕获、传输与解调，实现纳米传感器的智能化；③ 开展多维复杂环境下，纳米传感器性能科学评估方法、纳米感知材料–传感性能构效关系的基础研究，提升纳米传感器复杂环境中的可靠性设计与试验技术，探索探测的稳定性和重复性；④ 围绕突破纳米关键理论和技术，促进纳米制造工艺和高端纳米制造装备的发展，提升纳米精度制造前沿领域的研究水平，促进纳米传感器的微型化与集成化。

八、极限测量领域

目前绝大多数的表征手段比较单一，测量精度也有待进一步提高，这些都制约了人们对纳米尺度下各种现象和机理的全面理解。从纳米极限测量中的光谱学研究方面来说，存在着系统性研究不足、对基础问题的探索不够深入以及对学科交叉重视不够等问题。在纳米科学与信息技术、能源、环境、医疗等的交叉领域，极限测量光谱方法扮演的角色还不够突出，还没有发挥出它应有的作用。如何在未来 5 年推动和促进光谱学研究和纳米材料及其他领域协同攻关、解决重大的基础科学问题成为一个重要的课题。

长期以来，欧美日等工业发达国家（地区）高度重视透射电子显微术的研究，通过不断发展新的成像技术，测量物质多维度信息，形成了技术领先优势。我国对先进透射电子显微学方法的研究和应用也十分重视。近年来，我国在透射电子显微术基础设备方面投入了大量科研经费，目前国内高端球差透射电镜已近百台，极大改善了物质结构测量和动态物理学化学过程观测的条件，取得了丰硕的研究成果；所开发的部分技术和设备已达到了国际先进水平，有力地推动了我国纳米科学的发展。尽管我国在仪器规模、技术研发、物质结构研究以及人才培养等方面取得了令世人瞩目的成就，但是在高端电镜研发、基础理论研究、新的表征技术探索和应用等领域仍与欧美日等科技发达国家（地区）有相当的差距。

未来纳米科学的发展布局可从以下方面入手。选择基础性强、周期长、风险大、成果突出的纳米科学前沿方向，加大对极限光谱学研究（特别是领域急需的超快时间分辨和高空间分辨率、具备实时和原位分析能力的光谱学探针研究）的资助，引导利用光谱研究方法加强纳米科学与信息、能源、环境、健康、先进制造等领域的交叉合作；促进重大原创成果的产出；加强产学研合作，建立基础研究与应用开发协同创新机制，发展新的更适合纳米研究的光谱方法和技术，加快纳米科学成果从实验室向市场转移，建立研发与应用相互促进的良性循环。

与表界面研究相关联，需要进一步发展与完善在空间、时间和能量域下的极限测量方法，实现原子分子尺度的原位、实时和动态表征，如原位纳米级的光学周期响应（Sunku et al，2018），纳米尺度极化激元成像与传播（Mrejen et al，2019；Li et al，2018；Hu et al，2020），等等。完善现有的扫描探针显微术，光谱、能谱技术以及理论模拟仿真等平台的集成，在此基础上发展相关的新技术、新方法，最终实现精确结构分辨下的物理化学性质测量。

以同步辐射和自由电子激光为代表的大型光子科学装置的建设为表征方法学提供了新的发展方向。这些大装置能够将光谱学、成像和结构解析等多种表征方法有效聚集结合，为纳米材料研究提供了天然的学科交叉平台。随着这些光源设施的光源亮度、超快脉冲和相干性的不断提升，并结合与之相适应的束线、实验站和探测器的研发，国际上对纳米材料的表征已逐步突破了原位环境的壁垒，并能够在一定模型体系下实现超快测量和中间体观测（Barty et al，2008；Nishiyama et al，2019；Barke et al，2015）。随着新兴的自由电子激光的迅速发展和建设，我们相信在下一个5年里，在实现对非模型体系、非晶态材料（材料鸿沟）的结构解析和对特定元素周围的电子转移等超快过程探索方面会有很大的进展，随着我国在这方面的投资增加和新装置建设，我国在这一方面与国际上的差距将进一步缩小。

九、纳米理论研究

设计、构筑与调控具有优异量子性能的纳米结构，不仅需要先进的合成与表征技术，而且也需要从微观尺度上理解纳米结构中独特的量子规律与机理，进而提出新概念，设计新结构，发展新技术，指导实验研究，加快纳米新技术的研发。基于第一性原理的电子结构计算方法可以预测纳米材料的结构与性能，理解实验现象，指导实验研究，在纳米科学研究中发挥着重要的作用，是纳米科学创新发展的核心所在。目前，理论与计算化学方法已在纳米材料的结构与基态性能表征，纳米功能（如催化、光学、电子传输、自旋电子、光电、热电等）材料的预言、生长机理方面发挥了重要的作用。我国随着经济实力的不断增强，在纳米理论方面发展迅速，发展了一些在国际上具有一定影响力的理论与计算方法，比如非绝热动力学方法，线性标度的基态电子结构计算方法，面向分子纳米聚集体的激发态结构与过程的计算化学方法，纳米材料全局结构与过渡态搜索方法等；揭示了纳米结构催化机理、提出了一些性能优异的纳米（自旋）电子学、光电与光催化材料新概念。

尽管纳米理论在揭示纳米材料基态结构与性质，以及小尺度体系激发态性质方面取得了比较满意的结果。但是，实际纳米体系的服役环境相对复杂，其性能往往与外场（光、电、磁、声、热等）和体系激发态相关，现有理论方法在处理复杂纳米体系电子结构与激发态动力学、磁性与电子关联、生长机理等问题方面仍然存在挑战。因此，复杂纳米体系的结构预测与性能的定量可靠的微观描述，纳米材料的生长微观机理与动态演化，以及结合基本物理原理，理性设计、实验可行的纳米功能材料，是关键的科学问题。

十、纳米生物医学

纳米生物医学包含了纳米药物、纳米诊断与分子影像、纳米生物催化与纳米酶、纳米生物材料、纳米仿生与界面生物学、纳米生物传感与检测、纳米生物效应与安全性以及纳米生物医药技术的标准化等多个研究方向。

1999～2018 年，不论是从项目部署数量还是项目经费投入来看，国家自然科学基金对纳米生物医学领域的资助呈现逐年上升的形势，而近几年，每年项目数量有 300～400 项，项目总金额稳定在 1.5 亿元左右。

近年来，纳米技术在医药领域的应用越来越广泛，相关纳米生物技术的研究突飞猛进、取得了大量新的突破。药物输送和疾病的靶向与精准治疗是近年来纳米生物医学研究中的核心内容和主要应用方向。疾病治疗尤其是恶性肿瘤的治疗是纳米医药领域中发展最早、研究最多，也是最具前景的一个领域。随着纳米技术的迅速发展，研究人员正在利用它来改善癌症的诊断及治疗。由纳米技术和医学结合形成的纳米医学在疾病的诊断和治疗等方面已取得突破性进展，表现出了强劲的发展势头。

自 1995 年纳米药物“DOXIL”在美国上市后，这一领域的科研成果向临床应用的转化迅猛。在抗肿瘤领域已经有 10 多个纳米药物成功应用于临床；还有用于肝脾成像的纳米药物。还有 30 多个纳米药物正处于临床试验阶段。而在医学检验与诊断领域，利用纳米技术发展了微量、高选择性、高灵敏度的疾病标志物的快速检测新技术与器件。在医疗器械和人工器官移植领域，可控药物释放纳米涂层来减轻排异反应（如预防心血管再狭窄纳米颗粒载药涂层支架）已有百亿元的临床应用。

纳米酶作为新一代模拟酶，集天然酶和化学催化剂的优点于一体，不仅弥补了天然酶脆弱、昂贵的弊端，还弥补了传统化学模拟酶催化效率低、难宏量制备的问题。至 2021 年初，全球已有 29 个国家的 290 多个实验室报道了 320 余种纳米酶，逐渐形成了纳米酶研究新领域。建议理性设计纳米酶，制定纳米酶行业标准，推动纳米酶在临床医学、军工、公共安全、环境治理等领域的广泛应用。

十一、纳米技术的变革性应用

纳米能源领域。我国在硅基光伏面板、LED 照明与显示、锂离子电池、消费类电子产品等方面，由于具有庞大的市场和完善的产业链，产业规模均居于世界前列，有着重要的国际地位，但同时也存在原创技术少，高端制造所需的材料、电子元件与设备“卡脖子”等问题。未来需要布局的重点方向：① 改变能源结构的“绿色”建筑能源，包括基于钙钛矿和有机薄膜的建筑光伏，高密度、高安全的楼宇储能技术，辐射制冷、智能窗材料与技术等。② 未来信息技术与移动装置的能源系统，包括 5G 通信用全固态锂电池与相关材料，固态电容、低温烧结陶瓷与纳米粉体，以及热电、压电、摩擦电等微小能源系统等。

纳米医学促进了众多临床诊疗方式的重大变革。基于纳米递送系统的纳米药物提高了许多药物的成药性，显著降低了化疗药物的毒副作用、改善了临床患者的生活质量。纳米递送系统也是基因治疗和基因编辑等先进生物技术的广泛应用的支撑技术（English et al，2019；Butterfield et al，2017）。纳米对比剂包括纳米造影剂、荧光显色剂等，提高了对许多疾病的早期诊断能力和准确率，也革新了临床手术的方式和精准性。利用细胞自主分泌的含气体的蛋白纳米结构可直接由临床用超声成像系统进行细胞追踪（Bourdeau et al，2018）。纳米疫苗递送系统利用了纳米颗粒的多价效应，获得了以前难以企及的显著增强的抗原免疫效应（Rappuoli and Serruto，2019）。近年来，纳米医药也展现了可改善人体或者动物的生理机能、弥补人体或动物的生理缺陷甚至赋予其超能力方面的变革性应用。例如，针对人裸眼只能感知 380～780 纳米波长的可见光、不能感知近红外光而不具备夜视能力的问题，我国科学家通过向小鼠眼部注射可将近红外光转换成可见光的纳米颗粒，使其能够看见红外光线而具备夜视能力，这项技术不仅有可能治疗某些视力疾病，也可使人类产生超视觉能力（Ma et al，2019）。利用智能化纳米医药机器人实现自主体内巡逻、实时监测人体的健康状况和对疾病实时诊断，并在病灶部位进行自主手术或进行定点、定时和定量给药治疗是将来诊疗的终极目标，我国学者提出了智能纳米机器人型的全新递药系统，入选《科学家》杂志评的“2018 年度十大科技进步”。

运用纳米科学加速农业前沿科技创新，已经成为欧美等发达国家（地区）推进农业可持续发展的重要举措。2000 年美国将纳米农业列入科研日程。后来，美国国家科学基金会资助康奈尔大学成立了纳米生物技术研究中心。2003 年，美国农业部实施了“纳米科技在农业与食品领域应用”研究专项，并持续支持。近年来美国支持农业纳米技术创新研究的经费总额每年已达2800万美元。部分欧洲国家、巴西、印度、加拿大等农业大国也加强了农业纳米科学集成创新研究。联合国粮食及农业组织、世界卫生组织等国际组织也在高度关注纳米科学对未来全球农业和粮食安全的影响，多次组织国际会议与专家论坛，编辑出版战略咨询报告。西方农化企业也非常重视农业纳米技术与功能制品的研发，并且已有纳米农药与控释肥料等新产品陆续面市。“十一五”计划以来，我国科学家组织实施了“利用纳米材料与技术提高农药有效性与安全性的基础研究”“新型高效农业生物药物载体与新制剂创制”“对靶精准智能释放技术及产品研发”“智能化纳米农药新剂型创制研究”等多项科技项目，在农业纳米药物创制理论与技术研究方面取得重大研究进展，有望在国际上率先实现产业化。

第四节　纳米科学的发展目标及其实现途径

面向中长期的未来，纳米科技发展的总体思路是“三个体现”：体现纳米科技的共性特征（基础性、前沿性、交叉性、普适性）；体现纳米科技在基础科学中的作用（创新性、引领性、穿透性、带动性）；体现纳米科技在产业技术中的作用（精准性、绿色性、智能性、变革性）。我国纳米科学基础研究的发展目标是，到2035年，整体创新能力达到世界领先水平，在纳米体系基本原理方面实现突破，开发自主产权的纳米器件和纳米材料，建立纳米生物安全性评价新方法，促进纳米技术在能源、环境、信息、医学及健康领域的应用。为此，我国纳米科学基础研究应在新材料、跨尺度研究、自组装与仿生、表界面研究、纳米器件与传感、极限测量和纳米生物医学等方向重点布局。

各领域具体发展目标及技术途径如下。

一、新材料研究

发展目标：建立理性设计策略与调控方法学，实现团簇、纳米尺度新结构材料体系，涉及团簇、拓扑电子材料、新型碳结构、稀土功能材料、高熵合金、无机超导等高性能新结构材料；建立精准合成方法学，实现纳米结构的原子分子级别控制能力，实现若干核心关键材料从几何结构、尺寸、本征物性等的精准可控合成；结合理论分析与现代物理表征方法，通过原子精细局域结构分析，建立纳米材料表面态、体态与本征物性之间的关联规律，获得光电磁热力等新功能纳米材料体系。

建议采取的实现途径主要包括：进一步加强我国在纳米新材料领域已形成的典型代表材料体系的强势引领作用，比如石墨炔等新型碳材料、单原子催化剂、聚集诱导发光材料、无机二维材料、有机 - 无机二维杂化材料、稀土功能材料、限域催化材料等，推动进入产业化阶段，实现跨越式发展。另外，扶持纳米新材料领域的薄弱环节，包括：① 理性设计与合成团簇、纳米尺度新结构材料体系；② 先进结构解析，获取精细的原子局域结构；③ 精准合成纳米结构，实现从几何形貌到原子分子级别的控制能力，获取高性能纳米新材料；④ 理解纳米材料光电磁热力等本征物性的决定性影响因素，特别是其表面态、体态与本征物性的关联规律。进一步促进纳米材料往新型功能材料、高性能结构材料和先进复合材料等方向发展，积极推进在新能源与催化、环境、电子信息和生命科学等前沿领域的研究、应用。推动若干自主创新发现的纳米新材料体系的跨越式发展，并向工程应用转化。

二、跨尺度研究

纳米化学是解决纳米科学领域基本科学问题的有效途径之一。从纳米材料化学的角度来看，决定纳米材料功能的不仅是组成该材料的基本分子的理化性质，还有分子在怎样的尺度、以怎样的形式组装成为分子聚集体。化学反应一般以离子、分子间的反应为出发点，经历反应物原子、分子间的重组、排列，生成目标产物；该过程与纳米材料“自下而上”的生长构筑原则不谋而合：纳米材料的生长也需经历原子、分子的重组、排列、成核、生长、聚集，最终形成具有特定结构的材料，因而对化学反应的控制是实现纳米材料控制合成的关键步骤。如何对这一过程进行更为精确的调控，获得特定尺度的材料，成为纳米化学研究的基本出发点。

纳米化学的研究方法，包含从亚纳米尺度入手，系统研究物质由原子/分子、团簇，过渡到亚纳米尺度材料乃至纳米材料的全过程。亚纳米尺度接近高分子单链、DNA双螺旋的直径，并与无机晶体的单晶胞尺寸相当，这一尺度是原子/分子过渡到材料的关键区域，在该尺度对材料形成进行精准控制并以此为基础系统研究其构效关系，有助于深入理解由原子/分子微观体系到材料形成介观体系过程中，由量变到质变的跃变本质。可能将发现若干重要的尺寸效应，催生纳米研究前沿领域，并对纳米科学发展产生推动作用。

三、自组装与仿生研究

发展目标：建立通用的自组装理性设计策略与系统的调控方法学，实现对自组装过程的精确控制；建立完善的仿生材料设计、创制及优化的理论体系，为传统结构材料的升级改造和新型高技术结构材料的研制提供原理支撑和技术储备；实现若干有重要战略意义且在基础研究方面已处于国际领先地位的自组装材料的工程应用转化。

经过前期的积累，我国在纳米结构单元的可控合成、自限制组装和图案化设计等方面的研究成为自组装化学学科的优势方向（Xia et al，2011）。此外，在表界面化学仿生材料方面的研究，例如高效油水分离界面材料、能量转换材料、抗生物黏附材料、轻质高强材料方面的研究也达到国际先进水平（Cai et al，2015；Gao et al，2017；Guo et al，2016；Lin et al，2010；Liu et al，2009；Liu et al，2012；Mao et al，2016；Xu et al，2013）。

针对以上现状，拟采取的实现途径主要包括：进一步加强我国在仿生纳米结构单元可控合成、自限制组装及图案化、仿生结构及仿生界面材料等的强势方向。扶持自组装及仿生材料的薄弱环节，包括：① 先进生物结构解析，获取有效的仿生原理；② 对组装过程的能量及物质转化规律的认识；③ 新型仿生功能材料的自组装构筑，如手性材料、催化材料、仿生光学及能量调控材料等；④ 从非活性到具有生命活性纳米组装体的构建。进一步促进具有催化特性、光学特性及能量响应的自组装材料、仿生材料可控宏量制备等前沿方向，推动若干高性能仿生材料产业化进程。

对以上方向的资助可弥补我国纳米材料自组装方面发展的短板，推动相关领域的基础研究发展与实用化进程。在青年、面上、重点的多种项目形式上进行多层次的支持，重点支持优势方向与探索支持新兴领域相结合。为了促进自组装及仿生材料化学领域在国际上领先，建议组织重大研究计划。

四、纳米催化研究

纳米催化的研究目标是发展以原子、分子为起点的跨尺度纳米催化体系。在纳米尺度、原子和团簇尺度上构建不同的活性中心，利用纳米材料表面活性中心、纳米孔道、尺寸效应、载体效应、配体修饰效应以及纳米基元间的协同效应等因素调控催化剂结构和催化性能，实现对催化反应的促进和调控。面向功能分子和生物医药分子的高效绿色合成、能源高效转化、环境治理等领域，开展催化材料、催化体系、催化机理三方面的创新研究，解决人类可持续发展所需的资源、能源、环境、化学工业等与催化相关的关键问题。

我国纳米催化研究中长期布局中，应进一步强化限域催化、单原子催化、一碳化学和小分子转化等优势方向；通过学科交叉，促进仿生、自组装、多尺度、表界面等纳米相关领域与催化的交叉融合，形成创新点；加强纳米催化成果在催化工艺上的应用。

建议布局的方向如下。① 纳米催化材料设计和可控制备：跨尺度活性位点控制（原子到团簇到单晶到催化剂颗粒）；单原子催化到团簇催化；介观催化；限域催化；多级结构与多级孔道结构；仿生表界面；多功能催化（可再生能源与催化反应结合、酶催化剂与传统催化剂结合、膜技术与催化结合等）。② 原位动态表征催化剂和催化反应：反应条件下的原位实时表征手段；反应位点原子分辨表征技术；高时间、空间以及组分分辨的原位、动态表征方法；多种表征技术的联用；大科学装置（同步辐射光源、深/极紫外光源、散裂中子源等）催化研究线站；纳米成像技术。③ 催化理论计算与模拟：多时间和空间尺度全面描述催化过程，准确预测反应途径的理论计算方法；工具箱式软件包（通过目标产物确定催化剂）。④ 产业化应用：惰性分子（生物质、二氧化碳、低碳烷烃等）转化为化学品；氢气的制备和输运；绿色低能耗催化工艺替代传统工艺。

五、表界面研究

纳米材料表界面研究的目标是从原子、分子尺度到微米的跨尺度范围内理解纳米材料的表界面结构及其调控规律，独特物理、化学性能关联性的内在本质，为高质量纳米材料的规模化制备、性能的精准调控和实际应用提供理论基础。纳米材料表界面研究面临的挑战在于纳米材料的表界面结构特征丰富、复杂多样，导致难以直接将现有表征手段应用于实际复杂纳米材料的表界面结构表征，但纳米材料表界面结构的高时空分辨率表征却是深入其表界面过程研究的重要基础。

我国在纳米材料表界面方面的研究已形成了表界面表征新方法技术和新概念相互融合的好局面，不仅发展了壳层隔绝纳米粒子增强拉曼光谱、亚纳米分辨的单分子拉曼光谱、分子间氢键的实空间成像等新表征方法，还提出了超浸润纳米界面、高指数晶面、界面限域催化、单原子催化、纳米表面配位化学等重要新概念。

“十四五”期间，除了加强这些优势方向，推动形成具有重大国际影响力的标志性成果，我国的纳米材料表界面研究还需要进一步另辟蹊径，充分利用我们在纳米材料合成领域的优势，持续推动纳米材料表界面精细结构和动态过程的表征和机制理解，特别是研究表界面决定纳米材料性能的热力学和动力学要素，以形成可以有效指导实用纳米材料合成和性能调控的特色表界面理论。

六、纳米器件与传感研究

构建纳米传感相关的“机理效应—纳米工艺制作—纳米信号捕获以及能源驱动”完整研究体系，基于发展的新型纳米智能感知材料与结构，通过探索纳米尺度多场耦合机理，构筑多源传感信号的分离解耦机理；通过加强我国在纳米生物化学、纳米物理学、纳米光子/电子学等领域的传感基础机理研究工作，提升具有高效特征参量分离的智能感知材料、器件结构的研究水平；通过和模式识别、人工智能等先进信号处理方法结合，针对复杂耦合信号，发展建立智能传感特征谱库，实现传感信号宽量程与高精度的信号辨识；通过扶持纳米制造工艺、测试与表征设备和仪器的研制，发展批量化纳米制造新工艺与新装备，实现纳米传感器的加工、封装与集成测试，加速纳米传感器件从实验室原型向产品的进程；发展复杂环境下纳米传感性能评测方法，科学化实验技术，提升纳米传感器的稳定性、重复性和可靠性等基础研究和技术工艺；鼓励与微电子学、电子学等的交叉融合，建立极微弱传感信号能量捕获与转化的响应机理与仿真方法，实现多模态、多维度下纳米传感器的信号解调；促进纳米传感与仿生学、自组装、柔性电子器件、极端环境测量、纳米能量俘获等前沿方向的技术融合。

光电子技术的长足发展需要从基础研究和产业技术发展两个层面统筹规划。此外，两个层面的布局还需要面向国家在信息、能源、制造和安全等方面的战略需求，促进纳米器件在人工智能科学、生命科学、空间科学、军事技术等领域应用。我国在微纳光电子器件的材料开发以及材料性能的研究方面具有一定的优势，但在精密加工设备、高性能光源、光电子集成技术等方面基础薄弱。

七、极限测量研究

纳米科学发展的终极目标之一是通过原子级或分子级的控制实现对物质和材料性质的设计和操控。极限探测中的光谱方法充分利用现代激光技术，在较宽的电磁波谱波段上研究和调控微观上纳米结构中的电子、声子、光子及其他多种准粒子的行为，从而搭建从微观物理化学过程到纳米材料宏观物理学性质及功能化器件的桥梁（Dombi et al，2020）。在一个给定界面上，确定其在反应条件下，界面原子的价态、位置及动态变化过程，是目前纳米材料极限探测的终极目标之一。

近年来中国在材料科学领域取得了显著的研究进展，推动了纳米科学中深层次的基础性研究，促进我国原创性纳米科学的know-how从论文向科技应用的跨越。在极限测量的光谱学方面，新型纳米材料提供了传统材料所不具备的增强光–物质耦合作用的体系，从而实现激子–表面等离激元–光子等多量子态之间的耦合。因此，要深入纳米、亚纳米及分子尺度下电子–声子–光子及其他准粒子元激发之间的相互作用，探索并建立多模态、高时间空间分辨、实时-原位极限光谱学技术，发展能谷极化光电子学、超快光电调制、激子-极化激元室温量子光学现象以及单光子发射源等方面的前沿性研究。在极限测量的电子显微成像学方面，需要探索和发展透射电子显微学的新概念、新理论；创新方法学，提高分子和原子结构、电子结构测量的灵敏度、精度以及效率；发展高通量、高准确度透射电镜数据处理方法，揭示结构与性能之间的深度联系；进一步发展气相、液相实验技术，明晰液相过程、表界面（电）化学过程；发展超高时间分辨电子显微学方法，探索物质结构及物理化学变化等瞬态动力学行为与过程。

八、纳米理论研究

纳米理论是在原子尺度上揭示纳米材料结构与性能的关系的有效途径，是实现纳米科学创新发展的核心。结构是纳米材料研究的最基本问题，预知特定组分与尺寸下纳米材料的形貌结构，以及在生长过程或服役环境中的结构演变是一个关键科学问题。纳米材料的性能是由其在外场作用下（包括力、热、光、电、磁等）的响应性质决定的，准确描述服役环境中复杂纳米体系电子状态是纳米理论的一个重要挑战。结合学科发展，纳米理论研究将实现的目标：发展可以处理复杂纳米体系的理论与计算方法，在微观尺度上理解纳米结构中独特的量子规律与机理，提出新概念，设计新结构，指导实验研究，加快纳米新技术的研发。促进纳米科学的研究模式从“经验指导实验”向“理性设计与计算模拟、实验验证”转变。

结合科学目标和研究前沿，纳米理论需重点布局：① 理论方法的发展，发展可以处理复杂体系的电子结构计算方法，面向激发态与过程的计算方法，多尺度模拟与机器学习方法，实现复杂纳米体系在服役环境下结构演化、电子结构与激发态性质的准确描述；② 机理的理论研究，包括纳米体系结构与性能相关谱学信息的计算仿真、复杂纳米结构在外场下的动态响应与实时演化模拟、纳米结构中电子与自旋相互作用的精确描述、激发态载流子的传输与动态演化、纳米尺度上能源转化与储存的新原理，以及纳米体系生长与表面动力学过程研究；③ 纳米材料理论设计，针对国家重要应用领域的关键纳米材料（能源材料、催化材料、光学材料、电子传输材料、自旋电子材料、光伏材料、热电材料与生物材料等），基于物理基本原理，探索纳米体系设计思路，提出新概念，设计实验可行的纳米材料。与未来计算学科发展相结合，可以促进的前沿方向包括：① 基于超大规模并行计算的纳米理论方法的发展与应用；② 基于未来量子计算的纳米理论方法的发展与应用；③ 基于数据库、机器学习与人工智能技术的特定功能纳米材料智能设计与生长工艺筛选。

九、纳米生物医学

发展目标：形成具有显著创新性的、拥有自主知识产权的研究成果，快速提升我国纳米生物医药的科研和产业的国际竞争力，解决我国重大国计民生问题，包括癌症诊疗、传染病防治、环境治理、国防、绿色生产等领域，提高我国在纳米科学领域的国际影响力和竞争力。

促进方向：

（1）纳米酶催化模型的建立及催化机理的精确解析；

（2）纳米酶理性设计及催化活性的精确调控；

（3）具有良好生物相容性的智能纳米药物递送系统的开发；

（4）具有精准诊断的影像探针和高灵敏智能液体活检技术的研发。

十、纳米技术的变革性应用

纳米能源领域的发展目标是解决新能源、新器件发展遇到的关键科学问题和技术瓶颈，打通从原理创新、应用验证到产业推广的创新全链条，催生变革性应用，深刻改变社会能源结构。实现途径：加强基金申请中“需求牵引、突破瓶颈”类型的资助力度；针对纳米能源技术的变革性应用场景，鼓励并着重资助核心科学问题研究和技术瓶颈的解决。

纳米医药的变革性应用。纳米医药发展的最终目标是疾病的精准诊断和高效治疗，目前的研究和应用离全面实现这一目标还很远。但在国内外前期研究积累的基础上，通过进一步加强基础研究和临床转化研究，纳米医药可望在某些方面实现变革性的应用，并由此推动纳米医药的全面发展，为医学和临床诊疗发展、变革做出贡献。

纳米医药的变革性研究与应用，应促进并有可能实现突破的研究方向包括：① 人工智能与纳米医学相结合的智慧纳米医学、加速纳米药物的研发速度；② 突破当前疗效瓶颈的高疗效抗肿瘤纳米药物；③ 突破静脉给药限制的胰岛素等重要药物的口服型纳米药物；④ 应用于肿瘤治疗外的重大疾病的纳米药物；⑤ 高效、低毒的纳米免疫联合输送系统、提高治疗效果；⑥ 突破当前检测限的超高灵敏纳米诊断制剂、推动疾病特别是恶性肿瘤的早期诊断与治疗。

未来15年内，我国农业纳米研究应在以下方面取得重大突破，推动我国农业前沿科技发展：① 发展纳米智能递送技术，推动提质增效与节量、减排，大幅度提高农业资源利用效率，降低农药残留与面源污染，改善食品安全和生态环境；② 发展简易、高效的基因编辑与遗传操作方法，加速优质、高产与抗逆新品种培育，提高生物资源开发利用潜力；③ 发展农业靶向药物和高通量、超灵敏与特异性的纳米分析检测技术，增强农业重大疫情与生物灾害监控、预警、诊断与防御能力；④ 发展纳米生物制造技术，提高农副产品加工质量与效率，延长多级加工与高值转化产业链；⑤ 发展基于纳米电子学的农业机电装备与智慧农业系统，提高农牧业生产过程的精准化与智能化管控水平。

第二章

学科交叉的优先领域

第一节　新材料研究

一、科学意义与战略需求

新材料是指新出现的具有新奇结构、优异性能和特殊功能的材料，以及传统材料经过升级改进后性能明显提高或具有新功能的材料。纳米新材料一直以来就是与化学、物理学、能源与催化、生命科学、工程力学等诸多前沿学科交叉的研究领域，是发展其他各类高科技产业的物质基础。通过合理发挥各学科的交叉优势，可以有效促进纳米新材料学科的发展：与化学和物理学的交叉，有效地推动了纳米新材料在精细测量、可控制备、本征物性等方面的研究。具体来说：通过无机合成化学、凝聚态物理、同步辐射技术以及强磁场科学的前沿领域交叉，从不同结构的新材料的电荷输运、光激发过程、电光磁热输运行为等基本科学问题出发，结合生长动力学和原位表征方法学的建立，实现材料的设计与可控制备，来推动纳米材料产生新的生命力。纳米新材料和能源与催化、生命科学、工程力学等领域的交叉融合，以科学问题和产业需求为导向。研制新一代高性能纳米材料为国民经济先导产业、高端制造和国防工业提供重要保障。

二、发展态势与我国优势

我国现阶段虽然在纳米新材料的基础研究领域已经取得了长足进展，体现在论文数量和质量、整体基础研究水平已进入世界先进行列，发现了大量材料种类及其独特性能；但是，在原创性新材料、高精尖领域的材料水平上与国际同行相比仍然存在很大差距。工信部对全国 30 多家大型企业 130 多种关键基础材料的调研结果显示，32% 的关键材料在中国仍为空白，52% 依赖进口。新材料研究方向盲目追随热点，缺乏中国标签的世界引领性前沿材料研究，跟踪研究较多；技术源头创新力不足，共性技术研发缺失。纳米新材料研究关注的重大科学问题：一方面，通过与化学、物理学等基础学科交叉，致力于认知物质本性及物质运动深层次规律，并在原子分子层次理解认识新材料，从而实现从原子分子水平上设计和可控构筑新材料；另一方面，通过与应用科学的交叉，致力于揭示纳米新材料独特性能的本质因素，从而推动优化材料性能、实现最终实际应用。

三、发展目标

创新材料理论模拟方法，构建纳米材料新结构体系；探悉纳米新材料结构与本征物性的内在联系，在纳米、原子尺度上对材料几何结构、表界面结构、相互作用力等进行精准调控；建立合成方法学、物理学和现代测量学相结合的纳米新结构材料制备与性能探索体系，为传统纳米材料性能明显升级和新型功能材料体系研制提供原理支撑和技术储备；建立若干具有自主知识产权的特色纳米新材料技术体系，实现若干具有重要实用价值的新材料的工程应用转化。

四、主要研究方向

纳米材料新结构设计与性能模拟；纳米材料本征物性的精确测量与控制；核心关键材料在几何结构、表界面结构、相互作用力等的精准制备与调控；纳米结构特色新材料的合成与放量制备技术研究。

五、核心科学问题

理论预测纳米结构新材料的新奇性质，实现纳米新材料的精准合成；测量纳米材料的原子级别确切结构，探悉表面态、体态对本征物性的影响规律，获取其构效关系与作用原理；建立核心关键材料的精准化学合成方法学，推动传统纳米材料性能升级改造和新型功能材料体系的宏量制备；构建纳米特色新材料及其光电磁热力等本征物性体系，促进其与能源、催化、生命科学等的交叉融合。

第二节　跨尺度研究

一、科学意义

物质在不同尺度的聚集状态是决定其性质的关键因素。从微米到纳米，研究视角的切换，导致了量子点、石墨烯等结构的发现，更为科学研究带来新的范式：科学家比以往任何时期都更为关注原子在何种尺度、以何种方式互相结合。

纳米材料领域发展至今，已经初步建立了不同维度纳米材料的合成方法、发现了若干基于尺寸效应的新材料体系，但在从原子 / 分子到晶核、团簇、亚纳米、纳米的跨尺度规律方面尚未开展系统性探索研究。其中，亚纳米尺度是由原子分子到传统意义纳米材料尺寸的过渡区域，与高分子单链 /DNA 直径及无机晶体单个晶胞尺寸相当。亚纳米尺度可能成为跨尺度纳米材料研究的一个新的切入点。亚纳米尺度材料理论上因具有如下特征而具有重要研究价值：① 分子间相互作用力可以主导其自组装过程，无机亚纳米尺度材料自组装特性更类似于高分子或生物大分子，多级相互作用的存在使得组装体具有优异的力学和可加工特性，可能成为打破有机材料与无机材料之间界限的切入点；② 亚纳米尺度材料尺寸接近于无机晶体的单晶胞，因而表面原子比例接近 100%，与外场的相互作用会极大增强，因而可能导致优异的光学、催化等性质。

在该尺度对材料形成进行精准控制并以此为基础系统研究其

构效关系，有助于深入理解由原子/分子微观体系到材料形成介观体系过程中，由量变到质变的突跃本质，将可能发现若干重要的尺寸效应、催生纳米研究前沿领域，并对纳米科学发展产生推动作用。

二、发展态势

国际上对跨尺度精准纳米材料控制方向尚无明确的概念提出，对纳米材料生长过程的研究主要进展为：基于原位电镜表征纳米材料的成核、生长过程，基本确认纳米晶生长过程为奥斯瓦尔德熟化（Ostwald ripening）与定向附着（oriented attachment）过程相结合；但在不同体系精准控制合成及各自体系的构效关系的系统性研究上仍没有有意识的系统性研究。国内外对于具有明确结构的团簇的研究仍处于控制合成及在此基础之上的构效关系研究阶段，即不断合成出新结构团簇并对其光学、催化等性能进行研究。对于团簇结构如何演化以及其与无明确结构晶核间的关系、团簇作为一种特殊聚集体与后续尺度的亚纳米乃至纳米材料之间如何演变仍缺少研究。

亚纳米尺度材料研究方向。近期研究发现，基于良溶剂-不良溶剂策略，可以将纳米晶晶核尺寸限制在接近1纳米，在该尺度对晶核在一维、二维及三维的组装生长进行调控可产生结构可控、性质新奇的亚纳米尺度材料。如亚纳米尺度无机材料的类高分子特性、100%表面原子特性等。基于这些新颖的试验现象，提出并系统性阐述了亚纳米尺度材料的新概念。亚纳米尺度材料本身具有丰富的物理化学内涵，将之与催化、能源、光学、生物等重要研究方向相结合，将可能催生更多的原创性研究机遇；同时，亚纳米代表了纳米材料研究尺度的极限，如能在该尺度对材料进行精确的控制，也意味着对纳米材料成核及生长过程调控能力的根本性提升，有助于实现从原子、分子到亚纳米、纳米全尺度范围内对材料性质的调控。

三、发展目标

探索物质由原子 / 分子状态向亚纳米尺度、纳米尺度材料过渡的规律，通过对均相 / 异相体系中原子聚集状态及作用方式的精细调控，探悉材料从原子分散态历经晶核 / 团簇，生长成为亚纳米尺度材料、纳米材料的全过程，并系统研究跨尺度体系中的构效关系。

四、主要研究方向及核心科学问题

① 探索物质由单原子及分子状态向亚纳米尺度（特征尺寸 1 纳米及以下）、纳米尺度材料过渡的规律，通过对均相 / 异相体系中原子聚集状态及作用方式的精细调控，探悉材料从单原子分散态，历经晶核 / 团簇，生长成为亚纳米尺度材料、纳米材料的全过程；② 揭示各典型聚集状态的稳定性规律，并系统研究表面单原子、多金属团簇活性中心、亚纳米尺度材料跨尺度体系中以催化、光学等性质为主体的构效关系。

同时，将跨尺度材料基础研究与清洁能源、高效催化等有重要应用背景的体系相结合，力争实现基础研究与应用研究的突破。

第三节　自组装与仿生研究

一、科学意义与战略需求

相比于发达国家，我国现阶段在航空航天、生物医药等高精尖领域的材料水平上仍然存在很大差距，这很大程度上源于传统材料的局限性。仿生材料的出现为我们提供了新的机遇。仿生材料研究涉及化学、生物学、材料学、物理学、工程力学等多个学科的交叉，通过合理发挥各学科交叉优势，可以有效促进仿生材料科学的发展。自然界多种多样的生物结构材料以其轻质、高强、高韧及智能的完美性能组合而广受关注，通过解析和模仿生物结构的设计原理，进行仿生材料研究，有望成为研制新一代高性能结构材料的有效途径（Cheng et al，2018；Mao et al，2016）。而自组装技术的发展为设计合成高性能的类生物结构材料提供了切实可行的途径。

二、发展态势及我国优势

近年来，国内外研究人员已在多种新型仿生结构材料的设计制备方面取得了一系列重要进展（Jiang et al，2020；Lee et al，2018；Lv et al，2019；Park et al，2014；Wang et al，2012；Feng et al，2018）。鉴于近年来国家对基础科研支持力度的不断加大，我国自组装及仿生材料研究发展迅速，相关材料体系逐渐丰富，人才队伍建设和培养机制不断完善，综合实力逐年提升，已在国际上产生重要影响力。目前在自组装与生命科学、能源科学交叉领域，国际上已有研究团队涉及，但都处于起步阶段。我国可以利用在自限制组装和图案化设计等方面积累的传统优势，迅速地布局投入并构建出一系列与生命科学、能源及催化科学等相关的研究体系。

三、发展目标

建立完善的仿生材料设计、创制及优化的理论体系，为传统结构材料的升级改造和新型高技术结构材料的研制提供原理支撑和技术储备；建立具有重大原始创新、自主知识产权和重要应用前景的仿生结构材料体系；实现若干具有重要实用价值的新型仿生材料的工程应用转化。

四、重点布局的研究方向

① 通过对自限制组装理论及方法学的深入研究，阐明自限制组装过程的内在驱动力，实现组装结构在催化、传感等领域的实际应用。② 通过对自然生物材料结构和强韧化机理的深入解析，发展高效的仿生合成技术，实现基于高性能纳米结构单元的先进宏观结构材料的创制。③ 通过对自然界生物的特殊本领进行深入研究，阐明生物材料结构、组成以及功能之间的构效关系，进一步进行仿生构筑，实现在能源、环境、健康等领域的重要应用。

五、本领域要解决的核心科学问题

① 赋予纳米材料相互作用力的空间各向异性，实现多级次复

杂组装体的可控构筑，阐明自组装结构中的能量传输及物质转移规律，实现各基元间的功能协同，催生新的物理化学性质。② 阐明自然生物材料的强韧化机理，发展将其转化到人工合成材料的有效途径，通过对高性能纳米结构单元界面相互作用和多级次组装结构的调控，实现多类型宏观仿生结构材料性能的提升。③ 揭示生物材料结构与组成构筑规律，实现对生物功能的超越。

第四节　纳米催化研究

一、科学意义与战略需求

纳米技术在催化中起着决定性作用，使得人们开始能够在纳米甚至原子、分子层次上精确设计和构筑催化剂，调控活性位的电子结构及所在物理化学微环境，并准确构筑多尺度结构的催化剂。纳米催化将在多尺度下整合均相催化、多相催化和生物催化，创造新型高效乃至全新的纳米催化体系。目前纳米催化面临的科学挑战是：在原子精度上设计、构筑催化剂活性位结构，实现多尺度准确控制；从催化剂颗粒到分子层次表征催化剂和催化反应，揭示反应物向产物的转化过程，发展新的高效催化反应途径。纳米催化可以满足国家在能源、环境、化工等重大应用领域的战略需求。

二、发展态势与我国优势

纳米催化的发展集中在：以原子、分子为起点的多尺度纳米催化体系，面向功能分子和生物医药分子的高效绿色合成、能源高效转化、环境治理等应用领域，开展催化材料、催化体系、催化机理三方面的创新研究，解决人类可持续发展所需的资源、能源、环境、化学工业等与催化相关的关键问题。纳米催化在提高选择性和原材料的利用率、降低副产品量、减轻环境污染等方面已经取得初步成果。我国通过自然科学基金委的重大研究计划、重大项目、重点项目等项目，以及科技部的国家重大科学研究计划等项目，在纳米催化基础研究方面进行了布局，在单原子催化、限域催化、小分子化学品转化等若干领域居于领先水平。

三、主要研究方向

① 基于单原子催化、限域催化、仿生催化、多位点协同催化的新型催化剂体系设计和反应体系研究；跨尺度催化研究，包括从原子级分散、团簇、纳米晶到多级结构的跨尺度催化材料的设计和制备。② 真实反应条件下的表征和催化性能研究，包括真实反应条件下从宏观（结构统计分析）到微观（原子分子层面）的催化剂结构表征和结构重构研究。③ 新型能源小分子以及构建高值化学品的小分子的催化活化转化过程研究。

四、核心科学问题

① 跨尺度催化活性位点控制（活性位点的产生、尺度、分散度、稳定性、限域空间、表界面匹配等）；② 反应条件下的催化反应机理（原位、实时、动态、原子分子精度描述催化反应）；③ 模拟预测催化反应途径（多时间空间尺度理论计算）。

第五节　表界面研究

一、科学意义与战略需求

表界面研究一直是化学和物理科学研究的重点，纳米材料的表界面不仅存在丰富的局域原子结构、新颖的电子态、独特的表面偶极和高的表面能等特点，直接决定众多纳米材料的物理、化学性质，而且具有“非平衡态”特征，其局域原子结构和电子态在时间和空间尺度上会在外场作用下发生快速变化。这些为研究纳米材料的表界面行为带来巨大的挑战和新的机遇，纳米科学经过多年的快速发展亟待加强对微纳尺度表界面体系的基本物理化学特性的深入理解，解决制约纳米材料规模化应用的基础关键难题（如纳米材料的可控制备、分散稳定性、性能精准化等）。

二、发展态势与我国优势

纳米材料的表界面研究正处在一个从现象到本质、从单一尺度到跨尺度、从静态到动态，以及从模型体系到实际体系过渡的关键时期。近年来，国际上纳米材料的表界面研究形成与纳米材料的合成、应用良性互动的局面。一方面，从表界面化学的角度理解纳米材料结构的调控要素，推动了纳米材料可控制备方法的发展，而具有确定表界面结构的高质量纳米材料的制备进一步为深入理解纳米尺度表界面化学过程提供了重要的材料基础；另一方面，从影响表界面反应性的局域原子结构和电子态入手，探究表界面结构构建、环境和外场对表界面的作用及其对表界面电子态（能级、轨道、自旋）的影响，推动揭示了纳米材料独特性能的背后本质，而对性能本质的深入理解为纳米材料的性能进一步优化提供了重要指导。在这一国际发展态势下以及自然科学基金委系列重大项目的推动下，我国已在超浸润纳米界面材料、高指数晶面纳米晶体、界面限域催化、表面增强光谱技术、纳米表面配位化学等纳米表界面研究领域取得系列有影响力的研究成果。

三、发展目标

纳米材料的表界面研究领域的发展目标是从原子、分子尺度到微米的跨尺度范围内理解纳米材料的表界面结构及其调控规律，独特物理、化学性能关联性的内在本质，为高质量纳米材料的规模化制备与实际应用提供理论基础。

四、主要研究方向

① 纳米材料的表界面结构化学：研究不同类型表面保护剂（有机配体、高分子、无机离子等）在纳米材料表面的分布（排列结构和密度）和键合（局域原子和电子结构）行为（包括动态变化规律），深入理解表面保护剂对纳米材料制备（形貌、尺寸等）及其分散性 / 溶解性等基本性能的影响规律，发展在亲 / 疏水溶剂、高离子强度溶液、高分子等不同介质中高度分散纳米材料的应用技术，提升纳米材料的可加工性和应用性。② 纳米材料的表界面化学反应机制：揭示纳米材料表面修饰剂的排列和局域键合结构影响其表界面化学行为（催化、防腐、配体交换等）的微观机制，发展精准调控纳米材料催化性能、表面定

点化学反应的新策略；研究纳米尺度下固-固、固-液异质界面的化学反应行为，在分子水平上揭示外场（化学反应、光、电场）条件下纳米异质界面电荷和物种的转移动力学和微观机制，提炼多组分纳米（光/电）催化材料的复合关键要素。

五、核心科学问题

① 纳米尺度下材料表界面物种的键合几何和电子结构，特别是不同曲率、表面结构以及异质界面对表界面结构的影响；② 纳米材料表界面化学过程的微观机制，特别是在外场条件下表界面物种和电子的动态转移行为及其对性能的调控机制。

六、本领域优先支持的研究方向

① 纳米材料的表界面结构化学：解析典型纳米材料表界面物种的局域键合和空间排列结构；② 纳米材料的表界面配位化学：从配位化学角度理解纳米功能材料制备和性能调控的表面配位化学过程。

第六节　纳米器件与传感研究

一、纳米器件

1. 科学意义与战略需求

随着纳米技术的不断发展，微电子技术正在不断地突破发展的瓶颈，集成电路的设计和制作方法也在此过程中不断革新。电子元件的尺寸不断地缩小，使得集成电路集成的要求也变得越来越高。纳米技术制造的电子器件，其性能大大优于传统的电子器件。它工作速度快、功耗低、信息存储量大、体积小、重量轻，可使各类电子产品体积和重量大为减小，后摩尔时代的纳米电子科学与技术的研究变得日趋急迫。

光电子器件作为信息产业的重要基础，在通信技术，新能源，先进制造，信息存储、显示、测量，国防安全以及健康医疗等领域具有深远的市场意义和战略意义，其技术水平和产业能力已经成为衡量国家综合实力和国际竞争力的重要标志，其核心科学问题是跨尺度、多界面器件中光电子行为的调控规律，包括光电效应调控的物理、化学和生物现象，光电材料和器件的制备路线与理论研究，光电功能的设计以及实现各种领域的应用需求。

2. 国际态势与我国优势

21 世纪，美国、日本及欧洲发达国家开展了与光电科技有关的国家级发展规划，并提出占领光电产业制高点的发展目标。各发达国家部署了光电科学相关的中长期发展规划，并投入巨资加强相关的基础研究与应用开发。目前光电科学与技术的发展呈现多学科交叉的特点，从基础研究为主转向基础与应用并重，从材料性能的研究转向更加关注特定功能器件及集成器件中的科学问题与技术难点；同时产生了光电信息科学、光电能源科学、生物光电科学等新兴的交叉学科。

我国光电子有关产业在光电子器件、部件和子系统等方面已经占领了国内较大的市场份额，初步具备同国外大公司竞争的能力，个别产品还在国际市场相关产品中领先。但是，我们由于缺乏原创性成果，不得不通过技术引进的方式获得国外淘汰产业；

由于制造技术跟不上，不得不付出超额的成本进口成套设备。我国在光电材料与器件研究方面只扮演着复制、仿制、引进的角色，缺乏核心技术。如何发展适合中国特色的具有自主知识产权的光电子产业，是我们应对未来能源危机及信息技术发展面临的重要课题。

中美贸易摩擦不断升温，使得芯片成为阻碍我国电子行业发展的“卡脖子”技术。虽然传统纳米光电子技术在我国发展时间较短，但是各类新型纳米材料和器件的出现革新了人们的认识。抢占下一代战略制高点，对新型纳米光电材料和器件的发展尤为重要。为了实现我国光电科技的可持续发展，我们必须从国家层面系统布局，组织国内在该领域的优势资源和杰出人才，面向国家在信息、能源、环境、人口与健康、国防等方面的重大战略需求，结合光电领域的科学前沿，系统性地开展从激光产生到光通信、光电转换、信息存储、光电子集成技术以及激光先进制造、生命医学应用等方面的基础与应用研究，为提升我国光电新产业的核心竞争力提供源头科学与技术创新，配合国家的创新驱动发展战略，推动我国的国民经济和社会发展。

3. 发展目标

集中我国在光电科学领域的优势资源和研究力量，围绕光电科学基础与光电材料、信息光电子、能源光电子、光电子制造、光电生物医学等重点领域系统布局，对我国处于优势地位的研究方向进行重点支持，包括柔性光电子器件、微纳光电子器件、有机光子学器件、下一代显示器件等。在光电科学相关的若干重大基础问题方面取得突破，以相关学科建设为基础，加快多学科交叉的研究人员培养，建立起有一定规模的、世界领先的科研队伍，推动我国光电科学的发展，进而带动其他相关产业的发展，实现由点及面的共同发展模式。

4. 主要研究方向及核心科学问题

（1）新型纳米光电材料与器件。发展新型纳米光电材料，包括碳基纳米光电材料、二维过渡金属硫化物、有机半导体材料等。基于新材料发展新型纳米光电器件，包括自旋光电子器件，拓扑绝缘体器件，单光子、单电子器件等。重点关注的科学问题包括：材料与器件中的电子、光子、声子、激子等基本粒子的相互作用规律；微纳尺度下光场、电场与物质之间的相互作用机理和调控规律；材料中的新奇光电磁响应现象的起源等。重点研究新材料体系中的光电子行为，总结出结构-性质规律，发展相关理论，进一步指导新纳米光电材料的合成与结构优化，具体包括：材料结构与光电子行为的构效关系；激发态动力学过程与光电性能的关系；激发态过程调控与特定光电功能的设计与可控制备；新型纳米光电材料中的激发态过程、自旋注入、自旋输运以及自旋检测；纳米器件中的单电子自旋基础。

（2）纳米光子学器件。高性能纳米光子学器件将带来新的产业革命。新型的纳米光子学材料和结构能从根本上改变光与物质的相互作用，实现高集成度、高带宽和快速响应等高要求。关键科学问题包括：纳米光子器件中激子、光子、表面等离激元的相互耦合过程与机理（Liu et al，2014；Liu et al，2016；Zheng et al，2017）；激子极化激元的玻色-爱因斯坦凝聚（Su et al，2017）及其量子调控（Su et al，2020；Kockum et al，2019）；器件中的光电磁相互作用与调控机制；等等。发展纳米光电材料与器件的新型表征技术，如高分辨率的原位光、电信号的检测技术，纳米光子学表征新技术，光电力磁一体化微纳材料、器件原位加工与表征新技术，单分子激发态、电子自旋及单光子源表征技术。

（3）柔性纳米光电器件与制造。柔性光电器件及其制备在信息、能源、医疗、国防等领域具有广泛应用前景，如柔性显示、柔性照明、柔性储能、柔性太阳能面板等，从而带来一场电子、能源技术革命。柔性光电子技术从材料、器件、工艺和装备等方面都完全不同于传统微电子技术，目前并没有形成成熟设计与工艺，需要构建柔性光电子的完整生态链。面向下一代显示技术的柔性激光显示器件将可能催生信息产业升级。激光显示是继阴极射线、液晶、发光二极管显示之后的第四代显示技术，已经在影院、大屏电视等领域得到了应用，将激光显示应用拓展到手机、电脑、可穿戴设备等领域具有重要的基础研究意义和广阔的应用前景。

与平板激光显示相关的有机电泵浦激光器件目前还没有实现，一旦突破将开辟一个全新的科学与技术领域。有机电泵浦激光是有机光电器件领域几代人努力的目标，属国际学术前沿与难题。它的难度与科学价值，给我国科技界提供了一个难得的跨越发展的机遇。重点需要解决的科学问题包括：有机纳米材料的粒子数翻转机理及受激状态下全新的光物理过程；光子与激子的作用及激发态过程对激光行为的调控机制；解决有机纳米材料载流子迁移率与发光效率之间矛盾的难题。

二、传感技术

1. 科学意义与战略需求

纳米尺度下的物理和生化传感信号通常表现出超常的智能化与复杂化，对人类探索诸多未知原理、过程、现象和效应具有重要意义。而纳米传感科学的不断进步可使这一认知目标成为现实。纳米传感科技的突破，在国防军事、航空航天、生物医药、环境监测、人体健康以及电子通信领域具有广阔的应用前景。当前，诸多领域的发展都受限于传感技术，研究水平的快速大幅提高关系到未来国家安全、国民经济、环保事业和人工智能的发展。

纳米传感科技的发展是交叉学科的融合，依赖于新型纳米敏感材料的理论研究、制备方法和测试手段的突破；纳米传感器结构的优化设计与可控制备；纳米处理系统对信号的高精度识别与解调等。纳米传感技术的发展可同时带动相关重点学科、重点领域的重大突破，并完善我国传感器领域的创新体系。

2. 国际态势与我国优势

10 余年来，美国十分重视对纳米传感器技术的研发支持，与之相关的发展计划分布于美国国家纳米技术计划的各个层面，众多国家机构结合各自研究领域积极开展纳米传感器技术的研究与开发，并涌现出一大批从大学和研究所中剥离出来的从事纳米传感器研究的创业型公司，产品覆盖物理、化学和生物传感器等各个领域，发展尤为迅速。近期，欧洲各国政府提出要加强机构间的合作与交流，既要加快下一代纳米传感技术的研究与开发，同时也为开展纳米传感器技术在健康、安全与环境方面的研究提供支撑。

当前，深入研究纳米传感相关理论是实现突破的关键，我国在纳米表面效应理论、纳米应力效应、分子组装和量子理论等方向的研究水平不断提高，理论研究水平优势逐步确立。在纳米材料与传感器件的设计、制备与开发方面紧追发达国家，有望通过努力达到世界先进水平。

3. 发展目标

以科学发展方向和国家重大需求为牵引，继续加大纳米生物化学传感器的基础研发力度，同时加强基础研究和应用研究的互动支撑；构筑新型有序纳米结构敏感和智能材料，提高纳米传感器的灵敏度、选择性、可靠性和稳定性；深入研究待测目标与纳米传感材料的相互作用及新奇物理效应，认识传感结构内部与界面上光子、电子、分子、离子、电场、磁场和压力等物理量的变化和传输规律，揭示信号耦合与分子识别的原理，发展目标分子高精确度识别技术；研发柔性纳米材料和制备柔性电子器件，促进纳米传感器的柔性化，顺应便携、可移动、可穿戴式市场终端设备对传感器的需要；发展新型可编码纳米智能传感器件，实现纳米传感器的多功能与智能化；发展纳米压印、纳米光刻、纳米自组装等技术的批量化制造工艺和设备，构建纳米传感结构设计体系，在纳米尺度、空间上实现纳米材料与传感结构的程序化组装方案，增强高噪声背景下纳米传感信号的信噪比和捕获能力，降低能量传输损耗，提升纳米器件的整体性能；构筑多源融合辨识信号解调技术和仿真方法，实现多维度下实时、原位纳米尺度多参量测量信息的耦合、解调方法与智能决策，搭建多参量传感信号高速传输网络，服务纳米传感功能化模组。

4. 主要研究方向

（1）研究待测目标与纳米传感材料的耦合效应及新奇物理现象，认识传感结构内部、界面与光子、电子、分子、离子，以及与电场、磁场和压力等的协同耦合作用，揭示信号耦合与分子识别的原理，发展目标分子精准辨识技术。

（2）研究新型纳米结构材料（纳米晶体、量子点、碳材料、仿生材料、纳米复合材料、纳米控温材料、二维半导体材料、纳米光电材料、纳米铁电材料等）与纳米传感器件工艺的关联实现技术。

（3）发展多维度、复杂环境下极微弱纳米传感信号的实时、原位、无损信号解调与辨识方法。

（4）发展新型可编码纳米智能传感器件，以及发展低能耗或可持续自供能纳米传感器件。

（5）发展提升纳米传感器稳定性、重复性和可靠性等的基础研究、技术工艺和科学评估方法。

5. 核心科学问题

（1）新型纳米感知材料 / 结构–传感信号之间的构效关系，以及传感信号的声光电磁等检出机理。

（2）多元纳米传感信号之间的耦合关系，以及相关的调控、辨识与解耦方法，器件制备与实现方式。

（3）多参量纳米传感器件极低能量复合驱动、极微弱信号高灵敏度捕获、传输与解调等方法。

第七节　极限测量研究

一、基础与前沿领域

1. 科学意义与战略需求

对纳米尺度的物理、化学、生物等机理研究，依赖于具备纳米级空间分辨能力的探测手段。纳米科学的快速发展对纳米结构的特性测量、显微组织的可视化研究、物理化学过程的动态监测提出了更高的要求。一般的光谱学方法受限于波长、衍射效应与聚焦元器件等影响，只能达到微米级空间分辨能力，对纳米尺度的材料与器件，缺乏有效的空间分辨能力。具有亚埃分辨的高空间分辨透射电子显微成像技术，为人们解析低对称性材料和复杂化学体系物质的结构提供了一条全新的途径，实现分子、原子尺度以及电子结构层次的测量；结合高时间分辨的探测方法，可在分子或原子尺度直接观测材料在外场或使役条件下的物理化学行为，这必将有效地加深对材料构效关系的理解，促进我国在新材料领域的探索和创新，满足国民经济许多领域对于高性能材料的需求。

2. 国际态势与我国优势

透射电子显微镜自诞生之日起，以其高空间分辨的独特优势受到世界各国研究人员的广泛关注。物镜像差的成功矫正，不仅带来了物质分辨水平的提升，更是直接催生了诸多新的成像方法和测量技术，引发了物质结构表征领域的重大变革。从传统的二维成像向三维、四维的结构表征转变；从静态的结构表征发展到对体相、表界面物理学化学过程的动态观测；研究对象从固相扩展到气相、液相。物质结构测量的发展水平和研究内容随着材料科学、化学、生命科学、纳米科学的发展而不断进步。欧美日等发达国家（地区）在新型透射电镜成像技术探索和应用等领域走在了世界前列，取得了一大批创新性成果，极大地促进了相关基础科学的发展。近年来我国加大了透射电镜基础设备投入、人才培养，在方法学和应用研究领域取得了丰硕成果，高质量研究不断涌现，有力地提升了我国纳米科学在世界的影响力。

3. 发展目标

当今以先进材料的功能应用为目标导向，对表征技术提出独特的挑战。近年来我国不仅在模型体系极限测量方面取得突破，而且在纳米材料和纳米器件研发方面发展迅速。未来的发展目标需结合我国在纳米功能材料和器件方面的研究基础，探索和建立基于量子力学基本原理的高灵敏、高精度的测量表征新技术和新方法，包括发展低维材料的高分辨结构表征技术；纳米尺度的化学信息识别技术；单分子光学、电学、磁学、力学性质及量子效应的检测技术，以及多种纳米测量技术的深度集成。进一步发展将具有超高空间分辨的扫描探针技术、多种光谱时间分辨和能谱分辨技术相结合的联用表征手段以及描述纳米结构超高分辨表征的理论和方法，以实现纳米结构在空间域、时间域、频率 / 能量域三方面的同步综合探测，将化学物种识别、分子间相互作用可视化表征、基元反应辨识等推进到亚纳米空间分辨水平，揭示外场调控下纳米结构中光子、电子、声子、激子、自旋、表面等离激元等间的相互作用以及激发态的动力学过程和演化规律。

4. 研究方向

① 完善光学、电学、力学、磁学、热学等物性的纳米测量技术及定量化研究方法，提高空间分辨率，实现对纳米材料功能性的精确表征和诠释；② 发展高空间分辨、实时的透射电子显微学方法，建立纳米材料表界面原子结构与物性的联系，实现对纳米材料在原位或工况条件下表界面（电）化学过程、物质输运、原子结构的动态观测，揭示结构演变以及性能调控的规律；③ 发展极限分辨能力的成像研究理论与方法，在单原子、分子水平阐明纳米结构体系的相互作用及其本质，揭示纳米基元的内禀物性

（电荷、自旋、分子轨道）与外场（光、电、磁、力等）作用的多场耦合效应及物理机制；④ 纳米尺度表面界面形貌形成过程，纳米尺度和多表界面的能量捕获、转换和催化过程中的电子-质子产生和输运的超快过程，纳米区域表面等离激元参与的热电子产生及输运的超快过程，纳米微腔结构的光-物质相互作用实时过程；⑤ 超快光场对纳米材料和纳米结构体系在限域时空的主动动态调控和探测，光场诱导的晶体结构、电子及其他元激发的新颖集合行为及相变；⑥ 以同步辐射和自由电子激光为代表的大型光子科学装置的建设，这些大装置能够将谱学、成像和结构解析等多种表征方法有效聚集结合，为纳米材料研究提供天然的学科交叉平台，结合谱学与成像技术实现在复杂环境中对实际器件原位、工况下结构、性能的精确测量。

5. 核心科学问题

① 发展高精度、高灵敏度、实时的物质结构测量方法，精确测定分子、纳米材料的分子构型、原子结构以及电子结构，建立起结构与性能的联系，并系统地研究分子或材料在外场下的非平衡结构和动态响应。② 多维度物质结构表征，在三维甚至四维研究分子、原子结构；纳米或原子尺度下的分子过程、界面演化、能量和物质输运。③ 充分理解高辐照下光子和电子探针对纳米体系的影响，发展减少探测手段对体系的改变的理论与技术手段，进一步拓展纳米体系的极限探测能力。

二、面向变革性应用：实际器件中纳尺度界面的精准测量

1. 科学意义与战略需求

纳米尺度表征技术的发展，极大地推动了纳米材料中原子、

分子特性的研究，在模型体系的极限测量方面不断获得突破。另外，实际功能器件，如光电、生物电子、能源、传感等器件中大量的纳米尺度界面对器件性能有决定性影响，但其结构复杂，且在器件工况下随环境、时间、空间动态演变，难以准确预测，因此亟须发展适用于实际器件体系的原位工况纳尺度界面精准测量技术。

2. 国际发展态势与我国优势

当今的器件研发以应用为目标导向，对表征技术提出独特的挑战。我国近年来不仅在模型体系极限测量方面取得突破，而且在纳米材料和纳米器件研发方面发展迅猛，进一步结合两方面的优势有望在未来关键纳米器件研发和应用中占据优势。

3. 发展目标

器件工况下实现从分子尺度、纳米尺度到宏观尺度的跨尺度、多模式（化学、电学等）的材料本体与界面的表征，理解器件工作机理，推动纳米器件源头创新与芯片级量产。

4. 主要研究方向

① 各种谱学与成像技术在复杂环境中针对实际器件的原位、工况下精准测量方法学，特别是具有内禀界面测量特性或内禀界面选择性的测量方法。② 原创性测量原理的揭示以及创新设备的自主研发。

5. 核心科学问题

如何准确解析纳米材料和界面特性与纳米器件性能的关联，指导材料和界面设计，推动纳米技术的变革性应用。

极限测量的“十四五”优先发展领域：高精度电子轨道测量

与外场调控。

通过晶格和电荷调控材料结构和物性是目前应用广泛的技术手段，而如何从动量依赖的价电子分布视角审视材料的物性则鲜有涉及。在电荷属性之外，电子同时具有轨道属性，从轨道角度出发有望进一步拓宽人们对材料的认识，丰富性能调控手段。电子轨道是电子波函数形状的直观体现，当原子结合成键时，轨道的空间重叠直接影响电子态密度的展宽、金属 d 或氧 2p 能带中心位置，导致材料缺陷化学、表面活性、催化等性质的变化；轨道间杂化方式的差异会衍生出完全不同物相、原子构型和物理性质（如石墨与金刚石）；不同轨道上的电子得失不仅决定了电化学体系的氧化还原反应机制（过渡金属氧化还原 vs. 氧变价），也影响着电化学性能（如锂电池材料容量、催化水解）。除此之外，轨道的空间分布和轨道上的电子占据会随着掺杂、应变等因素而做出相应的改变，产生不同的电学、（电）催化活性、表面润湿性等物理化学性质。如此这些不仅突出了轨道在控制材料物性方面的重要作用，同时也对轨道的精确测量、明晰轨道的作用机理提出了迫切的需求。

6. 该领域的关键科学问题

高空间分辨、高效率、高精度的测量方法，揭示电荷密度、晶体轨道、拓扑态等信息及其随外场的变化规律；拓展测量方法的应用体系，实现从完整晶体拓展到非完整晶体。

第八节　纳米理论研究

一、科学意义与战略需求

在原子尺度上掌握纳米体系中结构与性能之间的量子规律，预知纳米新体系与新机理，指导新材料与新技术的研发，是纳米科学与技术创新的关键。与传统实验研究相比较，理论设计与模拟不仅可以利用理论模型对计算数据进行处理、归纳与分析，获得可观测物理量，还可以通过电子结构计算，实现在原子层次上揭示纳米材料结构与物性之间的内在联系，探索微观机理，进而针对特定的性能设计新结构。纳米理论的发展正促使纳米材料的研究模式从传统的“经验指导实验”向“理论设计与模拟、实验验证”转变，可以大大缩短纳米新材料与新技术的研发周期，实现纳米科学的快速发展。

二、国际态势与我国优势

纳米材料的性能由其电子状态决定。纳米理论的核心是利用电子结构计算方法描述复杂纳米体系的电子态，这要求发展可以快速、准确模拟复杂纳米体系电子结构的计算方法，揭示纳米体系的结构、性能、生长与动态演化机理，设计实验可行的新材料。目前国际上已经率先发展了一系列量子化学计算方法与软件，可以初步解决简单材料体系的基态电子结构问题，在针对材料激发态动力学方面也初步发展了一些理论方法与程序。我国的纳米理论研究在国际上占据一席之地，在处理复杂纳米体系的低标度电子结构计算方法，面向分子纳米聚集体的激发态结构与过程计算方法，纳米结构全局预测与过渡态搜索，多尺度模拟材料生长机理与性能，机器学习寻找纳米新材料等方面具有一定的影响力；在纳米自旋电子器件材料新概念与设计、单原子催化理论等方面提出了新概念，取得了一些国际突破性的研究成果。

由于真实环境中的纳米体系一般比较复杂，时间与空间尺度大，涉及电子激发态、激发态动力学以及表面反应动力学等，纳米理论研究国内外趋势正从基态结构与性能向激发态结构与性能、从材料本征性能向服役环境下材料结构与性能演化，从理解实验机理向理性设计、指导实验发展。这需要发展相应的电子结构计算方法，多尺度描述复杂纳米体系中的生长过程与结构演化、电荷与能量传递、激发态动力学等问题。

三、发展目标

发展快速、准确描述复杂纳米体系电子结构的计算方法，多尺度模拟复杂纳米体系在外场下的结构与性能的动态响应与演化，实现纳米结构中电子与自旋相互作用的精确描述；激发态载流子的传输与动态演化，纳米体系生长与表面动力学；结合物理基本原理与机器学习，发展纳米体系设计思路，设计实验可行的纳米材料与结构，指导实验研究。

四、主要研究方向

① 复杂纳米体系电子结构计算方法。发展精确高效的第一性原理计算方法、含时密度泛函方法、量子耗散动力学方法、激

发态超快动力学计算方法和程序、多尺度模拟方法与机器学习方法、复杂纳米体系的结构与性能相关谱学信息的模拟方法，精确描述复杂纳米体系（含分子纳米聚集体）激发态性质、关联电子态、局域自旋态与动力学过程。② 复杂纳米体系的物理与化学理论问题。复杂纳米结构在外场下的动态响应与实时演化模拟、纳米结构中电子与自旋相互作用的精确描述、激发态载流子的传输与动态演化、在纳米尺度上能源转化与储存的新原理，以及纳米体系生长与表面动力学过程多尺度研究。③ 纳米材料的理性设计。结合基本物理原理、大数据与机器学习技术，理性设计纳米功能材料，包括自旋电子材料，单原子催化、可见光催化、电子传输材料等，探索材料的生长工艺与器件工作原理。

五、核心科学问题

① 服役环境复杂纳米体系结构与性能的快速、精确描述：理论与计算方法；② 纳米材料中量子态的耦合与演变、能量转换与传递、调控机理，复杂空间与时间尺度下的动力学过程；③ 针对特定性能的纳米体系与结构的新概念与理性设计。

第九节　纳米生物研究

一、科学意义与战略需求

2018 年，美国对中国的关键技术出口管制清单中，纳米生物技术排名靠前。2016年，我国《“健康中国2030”规划纲要》明确指出，没有全民健康，就没有全面小康；提出加强医药技术创新，完善产学研用协同创新体系，推动医药创新和转型升级。基于纳米技术的纳米药物和生物检测研发已经成为当前国际药物研发最有前景而又竞争激烈的领域之一。纳米药物拥有极大的需求市场。

二、国际态势与我国优势

纳米材料作为纳米科学的重要基础，除了生物医药领域，还被应用于约两千种工业和消费产品，涉及工业、食品、生活日用品等领域。据有关报道，纳米科学对世界经济的贡献达到数万亿美元。据不完全统计，中国已成为纳米材料生产大国及全球纳米产品的第二大市场。纳米产品的安全性问题，也极有可能被发达国家用来设置技术性贸易壁垒并限制中国产品的市场准入。忽略纳米产品和技术的安全性，将严重制约我国纳米技术产业的发展和国际竞争力。

三、发展目标

形成具有我国显著特色的纳米医药领域的研究成果，解决重大疾病诊疗中的基础及应用类的重要科学问题，快速提升我国在纳米生物医药领域的基础科研及产业的国际竞争力。

四、主要研究方向及核心科学问题

（1）纳米酶催化理论、评价体系的建立及其在体内应用的精确调控。建立纳米酶的催化模型，对纳米酶的催化机理进行精确解析，开发纳米酶的理性设计和活性精确调控的平台技术，构建纳米酶文库，建立纳米酶的标准化评价体系，促进纳米酶科学的快速发展。

（2）纳米药物递送系统的生物相容性研究。生物相容性差是目前药物递送系统的最大弊端，基于体内生物相容性好的纳米材料、仿生材料，开发安全性高、效率好的体内药物递送系统是该领域的重要研究方向。

（3）智能纳米诊疗探针的理性设计及组装制备。利用精准自组装纳米材料的模块化设计优势，集成多种成像技术，开展细胞、活体水平的高分辨、多参数、多模态、多维度可视化成像分析，实现针对特定疾病的结构 / 功能集成的成像诊断，为重大疾病诊断提供智能纳米探针。

（4）发展用于纳米生物医学研究和临床应用的新方法和新技术，如高时空分辨的动态活体和细胞成像技术、精准手术导航技术、药物释控可视化技术等。

（5）纳米材料分子结构 / 纳米材料特性与体内代谢、生物效应的关系规律研究；发展生物相容性的纳米材料表面性质调控的修饰分子和普适性修饰方法，实现对纳米结构表面的定点、定量修饰；发展纳米表界面定量原位表征方法；纳米酶体内应用的安全性问题。

（6）纳米生物 / 载药器件。利用分子机器对多种功能成分进行组装，例如靶向基团、蛋白药物、基因药物、化疗药物等治疗组分选择性共同装载，构建多功能协同递送体系。主要研究生物启发型和病灶微环境响应载体材料和器件，疾病免疫治疗药物载体材料和器件，核酸类药物载体材料及其递送系统，具高灵敏度、组织和细胞高靶向性及信号放大功能的分子探针，以及诊治一体化的高分子载体材料及其递送系统。

五、本领域优先支持的研究方向

（1）纳米酶催化模型的建立及催化机理的精确解析。

（2）纳米酶的理性设计及催化活性的精确评价与调控。

（3）智能纳米药物递送系统设计及其体内代谢与生物相容性的研究。

第十节　纳米技术的变革性应用

一、纳米能源

（一）改变能源结构的“绿色”建筑能源

1. 科学意义与战略需求

我国未来发展将持续推进新型城镇化建设，必须面对大量的住宅与城市基础设施的能源需求。如何降低建筑用能，实现人居环境的智能能源管理，是科学城市发展模式的关键。“绿色”建筑纳米能源技术基于光、电、热等多种不同能源形式的高效利用与转换，整合新型建筑材料与能源技术，变革城市能源的获取、存储与利用方式，并深刻改变未来社会的能源结构。我国有着世界上最大的基建规模和建筑材料市场，对建筑能源有重大战略需求。

2. 国际发展态势与我国优势

21 世纪的“绿色”与“智能”建筑设计理念逐渐推动了建筑能源科学与技术的发展，如“结构–功能”一体化、建筑光伏、智能窗等概念分别被提出，但是由于材料和器件的局限性，目前仍未得到充分发展。近年来我国在光伏、储能等重大方向的新材料和器件结构开发方面都已经处于引领性地位；同时，庞大的市场和基建规模有利于驱动技术研发与转化，未来有望继续引领绿色建筑能源的发展和社会能源结构的变革。

3. 发展目标

① 研发辐射降温材料、智能窗材料，理解材料构效关系，突破宏量制备瓶颈，降低建筑热管理用能；② 提升薄膜太阳能电池效率与稳定性，突破大面积光伏所需的材料宏量制备与器件印刷制备瓶颈，获得高性能建筑光伏模组；③ 提升储能电池的循环寿命、安全性与能量密度，获得高性能楼宇储能模组。

4. 主要研究方向

① 辐射制冷材料。通过材料表层的微纳米结构或等离激元，调控红外与可见波段的光学行为，如辐射、吸收、透射与反射等，结合电致变色窗与相变储热等技术实现建筑内部光与热的智能管理；② 新型高性能有机、钙钛矿薄膜光伏的稳定性与失效机理，相关材料的宏量制备与器件的印刷制备技术，大面积光伏模组与建筑材料的集成；③ 适用于建筑楼宇的高安全性、高能量密度、长循环寿命、低成本的储能电池技术，包括新型材料、电芯与模组的制备、稳定性与失效机理。

5. 核心科学问题

① 阐明薄膜光伏、固态锂电、固态电容、辐射制冷等材料的结构与其器件的能源转化或存储性能，以及稳定性等使役性能之间的构效关系；② 利用跨尺度原位技术，表征界面结构对能源器

件的性能调控规律、解析器件的材料与界面失效机制，并通过材料与器件结构创新延缓失效；③ 变革性应用所需要的宏量材料，如何跨越 9 个数量级，在宏量制备的材料与器件上实现微纳米结构的精准、高效构筑，是纳米应用的共性问题。

（二）未来信息技术与移动装置的能源系统

1. 科学意义与战略需求

未来移动信息技术如 5G 通信、物联网、智能交通、工业 4.0 设备、人工智能、机器人等已成为受到广泛关注的战略性新技术领域。然而这些移动装置因其高速信息传输和巨大计算量会需要前所未有的高功率和高能量，有限的能量供给已成为限制其性能的重要瓶颈；利用纳米技术增加能源供给，降低功耗，提升能量回收效率具有重大意义。不仅如此，移动信息技术对能源系统提出的小型化、高能化、高功率、高可靠性、长寿命、更宽使役温度范围等要求未来将衍生出大量的未知应用场景，推动技术进步与市场发展。

2. 国际发展态势与我国优势

国际信息技术的技术创新链与制造供应链正在经历重大变革。我国企业在 5G 通信领域有一定的优势但又极度依赖进口的芯片及众多关键材料，另外我国在印刷电路板等相关制造行业又占据过半的市场份额。移动能源供给方面，我国在锂电池技术上有很大的产业规模，在固态电容、燃料电池、压电与摩擦发电机等方面有先进的技术储备。

3. 发展目标

① 研发固态电池、固态电容、有序膜电极燃料电池、高效热

沉与能量回收器件，理解相关材料与器件性能之间的构效关系；② 集成高密度能量供给、低功耗电路和主动能量管理与回收，实现移动设备的长续航。

4. 主要研究方向

① 高密度、高功率、高安全的二次电池与相关材料，如固态电解质、固态电池、“无负极”电池等。② 微小化一次电池系统，如高能量密度金属一次电池、小型燃料电池等。③ 高密度固态电容技术：大量应用于消费类电子产品、物联网以及汽车电子、工业自动化等领域，对小型化、高能化、高可靠性、宽温度使用范围等性能要求不断提高。基于纳米材料可制备出超薄、抗击穿、高介电、低损耗、宽温区器件，并实现低温烧结工艺和电路级集成，以发展低功耗系统。④ 纳米导热材料与热电回收技术：利用纳米涂层降低芯片热阻，实现快速散热，集成热电转换器件实现能量回收。⑤ 微纳能量管理与回收技术：集成微纳传感器、纳米压电与摩擦发电机等进行能量管理与回收。

5. 核心科学问题

① 纳米尺度的缺陷、表界面结构、自发极化，与离子输运、热传导之间的构效关系；② 相关材料生长的精准控制、表界面结构构筑与材料制备的宏量放大。

二、纳米医药

1. 发展态势与我国优势

纳米技术应用于医学领域，即纳米医学，促进了许多临床诊疗方式的重大变革，包括抗肿瘤纳米药物显著降低了化疗药物的毒副作用，改善了临床患者的生活质量，纳米造影剂、荧光显色剂等提高了对许多疾病的早期诊断能力和准确率，也革新了临床手术的方式和精准性。在基础研究方面，我国已经与欧美国家齐平甚至领先于欧美，但在临床应用转化方面有所落后。推进纳米医药技术的临床应用是当务之急。

2. 发展目标

以纳米医药的精准诊断和高疗效为导向，结合临床应用需求，解决限制纳米医药的诊断精准性和治疗疗效的瓶颈问题，发展在性能上有变革性提高的纳米医药体系，推动医学和临床诊疗技术飞跃式发展。

3. 纳米医药的变革性研究与应用

（1）人工智能与纳米医学相结合的智慧纳米医学。

使用纳米药物进行精准医疗依旧是纳米医学领域的一个亟待攻克的难题。纳米药物的治疗效果既取决于纳米材料本身的结构与性能，包括其化学组成、空间结构、尺寸、电位、分散性、药物负载量、药物释放模式、粒子的细胞摄取性质、细胞毒性、智能响应、靶向性质等，还取决于治疗方案的设计，包括给药时机、次数、剂量，多种药物的协同使用，治疗效果的实时监测、预后及诊断治疗一体化的实现等。此外，纳米药物的疗效还受到患者个体差异的影响，例如其临床症状、病史、家族遗传因素、生活习惯等。这些诸多因素的优化与选择难以通过传统人力来实现，而人工智能的引入将解决这一问题。将基于化学、物理、生命科学等的纳米医学科学实验数据与基于对标准数据深度学习而进行预测和优化的人工智能相结合，通过数据挖掘和机器学习将纳米药物的结构与性能、治疗方案设计以及治疗效果等大数据相关联，以前所未有的效率和准确性实现对多种因素进行综合精准分析，可以指导纳米药物的设计、加速纳米药物的研发速度，创新性地提高临床试验成功率，并为个体提供更优化、更有效的治疗方式。

核心科学问题。建立将已有的大量、多样化纳米医学实验数据进行标准化处理和整合的方法，机器学习与多重目标关联耦合优化的方法。

（2）突破当前疗效瓶颈的高疗效抗肿瘤纳米药物。

肿瘤的治疗是国家重大需求，对高疗效纳米药物有迫切的需求，但抗肿瘤纳米药物领域面临的共同瓶颈是：尽管降低了相应药物的毒副作用但至今未能够显著提高药物的临床疗效，束缚着纳米药物的发展与临床应用。同时，输送 siRNA 和 DNA 等核酸药物的纳米药物，其转染细胞的能力还远低于病毒载体，也未能显示出期望的疗效。这些没有疗效优势的纳米药物缺乏临床应用转化的动力。因此，能够在临床上显示出比一线治疗方案高得多的疗效、显著延长肿瘤患者生存期的“高疗效”纳米药物是推动该领域变革性发展的关键。

核心科学问题。纳米药物未能将抗肿瘤药物精准定点地递送到瘤内每一个肿瘤细胞是造成其疗效低的原因。建立纳米药物结构与输送效率的精准构效关系，发展个体化纳米载药系统，建立高效纳米输送系统的精准可控、规模化制备方法。

（3）突破静脉给药限制的口服型纳米药物。

相较于小分子药物，纳米药物尺寸大、表面亲水的特点使其难以穿过生物膜（如皮肤、肠膜等）被吸收而只能通过注射给药，限制了其更加广泛的应用。因此，发展能够口服经肠道吸收的纳米药物，如口服型化疗、口服型基因治疗等纳米药物，将变革性地改变许多疾病的治疗方式，大大拓宽纳米医药的应用领域。

核心科学问题。纳米药物与胃肠道黏膜上的吸收机理和影响因素，建立纳米药物的纳米特性与口服给药输送步骤的构效关系，尤其是纳米结构与肠道吸收效果的关系。

（4）口服型胰岛素大分子纳米药物。

糖尿病在我国是重大慢性疾病之一，胰岛素依赖的治疗方法是1型糖尿病和2型糖尿病后期基本的治疗方法。胰岛素的大分子蛋白的特点使注射成为其唯一的给药方式。因此，变革胰岛素给药方式，发展口服吸收型胰岛素药物，将变革糖尿病治疗，给患者带来前所未有的便利。

核心科学问题。纳米载体促进胰岛素大分子的吸收及其机理，建立蛋白质大分子结构与胃酸环境下的稳定性及肠壁转运效率的相关性，给药精准计量与控制，高稳定、高效口服制剂的构建。

（5）应用于肿瘤治疗外的重大疾病的纳米药物。

目前纳米药物主要着眼于肿瘤的诊疗，很少成功地应用于其他重大疾病的临床治疗。针对心血管问题、阿尔茨海默病、糖尿病、风湿性关节炎、艾滋病等纳米药物的研究还很少。利用纳米特性结合疾病特征，研制针对特异性靶向病灶组织、具有超高靶向输送效率（>10%）的纳米药物是应用于多种疾病治疗的关键。

核心科学问题。纳米药物靶向机理，纳米特性与特定疾病治疗效果的相关性，构建高效纳米药物输送体系的方法。

（6）高效、低毒的纳米免疫联合输送系统。

基于检查点抑制剂、细胞因子和抗体等的免疫疗法是通过调动人体自身的免疫系统来治疗疾病，近年来在癌症的治疗方面取得了较大进展，但仍面临着适应证少，对众多实体肿瘤无效，脱靶导致副作用等问题。因此，发展肿瘤靶向的纳米免疫递送系统、提高肿瘤组织内的免疫反应，来提高疗效、减少脱靶导致的副作用，将极大地推进免疫疗法的临床应用。同时，针对当前单一免疫治疗策略疗效的局限性，利用纳米载体协同递送免疫制剂、化疗药物、基因药物等进行多策略联合治疗，将极大地提高治疗效果。

核心科学问题。免疫联合制剂输送效率与纳米药物特性的关系，纳米药物激发局部与可控系统免疫反应的机理，高效靶向肿瘤组织内特定免疫细胞的纳米免疫输送系统的构建。

（7）突破当前检测限的超高灵敏纳米诊断制剂。

疾病的早期检测与准确诊断是提高疾病治愈率的关键，利用靶向纳米诊断制剂可改善诊断的检测限和准确率，实现疾病的早期检测和诊断。例如，高灵敏性磁共振造影剂辅助成像可将临床肿瘤的检测限从厘米级进步到毫米级甚至亚毫米级，使超早期治疗成为可能，极大提高患者的治愈率。因此，发展高灵敏性的靶向纳米诊断制剂，推进疾病的早期检测，将变革性地改变多种疾病的治疗方案和治愈率。

核心科学问题。纳米载体的纳米特性在疾病部位的靶向能力与检测灵敏性的相关性，高灵敏性靶向纳米诊断制剂的构建方法。

三、纳米农业

1. 科学意义与战略需求

随着国家工业化与城市化的不断推进，农业发展所面临的人口增长、耕地不足、资源短缺与环境退化等压力将会日益突出。运用纳米科学发展绿色、高效与可持续农业生产系统，有利于从根本上缓解我国农业资源短缺、农产品质量安全和生态环境问题。

2. 国际态势与我国优势

近二十年来，国际纳米农业的集成创新与应用已经取得了许多重要突破，为缓解人口增长对食物需求的社会压力和应对全球气候变化、土地与资源短缺、水土流失、环境污染与生态退化等诸多挑战开辟了广阔前景。“十一五”计划以来，我国纳米农业在纳米农业投入品、纳米生物传感器、纳米基因操作和纳米食品等领域保持了与国际先进国家同步发展的态势。尤其是纳米农药研究已经取得突破性进展，有望在国际上率先实现产业化。

3. 发展目标

围绕国家粮食、食品与生态安全等重大科技需求，开展纳米科学的集成创新与应用研究，加速现代农业前沿交叉领域原始创新，推动农资投入、生产管理、灾害防控、农产品加工与流通消费等领域的技术革新。重点创制具有精细结构、智能表面和环境响应等特性的新型纳米结构与功能材料，解析其新材料属性的农业生物效应及其新功能与新用途。发展农业药物靶向智能递送理论与方法，构建可以在空间、时间与剂量上实现药物精准释放的纳米载药系统，阐明其改善药物理化性质、量效关系、靶标作用方式与剂量传输特性的作用机制，发展高效、安全的绿色纳米药物创制新模式。拟突破以下三个重点任务。

（1）高效、安全的绿色纳米农药新剂型创制与量产化工艺。研究纳米载药系统的组装合成、结构调控与功能修饰方法，揭示其提质增效机制，建立其量产化制备工艺与流程，阐明在不同施药场景下的纳米农药最佳使用方式与计量标准。

（2）纳米农药对靶高效沉积与靶标特异性提升机制。研究利用环境响应性、生物相容性及可降解材料负载药效功能物质，制备具有靶向定位与智能释放等功能的新型纳米载药系统。建立叶面喷施与土壤施药条件下，响应有害生物靶标剂量需求的农药精准智能释放技术，阐明纳米农药改善靶标作用方式与特异性的作用机制。追求在提高药效功能的同时，降低非靶标生物毒性，克服生物抗药性。

（3）超长效、靶向免疫与多联多价兽用疫苗创制。针对动物重大疫情防控，利用生物相容性载体包封免疫功能物质，结合抗原提呈细胞靶向亲和修饰，构建纳米疫苗靶向免疫与智能递送系统，阐明兽用疫苗靶向免疫应答与递阶释放机制，创制高靶向与超长效疫苗、多联多价疫苗和口服疫苗等新型纳米制剂。

4. 主要研究方向及核心科学问题

（1）纳米农药。

针对作物重大病虫害防控需求，以提高农药有效利用率和降低残留污染为目标，创制高效、安全与低残留的杀虫剂、杀菌剂和除草剂等绿色纳米农药新剂型，阐明其增强药效功能、提高靶标特异性、改善环境行为与生物抗药性的作用机制。拟解决的主要科学问题如下。

① 阐明难溶性农药胶体化分散机制，发展水基化纳米载药系统。杜绝有害溶剂与助剂的过量使用，利用小尺寸和大比表面效应，改善药物水溶解、分散性、靶标黏附性与渗透性，大幅度提高生物利用度。

② 揭示农药对靶沉积与剂量传输的界面过程与调控机制，构建基于叶面微纳结构的叶面亲和性纳米载药系统。利用界面效应与功能修饰，改善药液叶面润湿、沉积与滞留能力，克服疏水性作物药液沉积障碍，减少药剂脱落与流失。

③ 阐明纳米载药系统改善靶标作用方式的作用机制。利用生物隧道效应，提高农药对有害生物的侵入能力与传输效率，改善量效关系，增强生物活性与药效功能。

④ 阐明响应靶标防控剂量的农药智能控释机制，发展环境响应型智能控释系统。根据有害生物靶标防控剂量需求，以最低有效浓度持续释放药物，保护环境敏感型药物稳定性，延长持效期与施药间隔，减少施药剂量与作业成本。

⑤ 探究纳米农药靶标特异性提升机制。通过纳米载药系统结构优化与功能修饰，提高靶标特异性，降低非靶标生物毒性，克服生物抗药性，从而提高生物安全性，保护生物多样性。

（2）纳米智能肥料。

以提高化肥有效利用率，降低农田面源污染为目标，开发作物响应性多元智能控释肥料以及速溶性磷肥与矿物微肥，减少养分流失、土壤固定与生物分解等肥效损失，大幅度提高生物利用度，降低化肥面源污染。拟解决的关键科学问题如下。

① 发展水溶性颗粒肥料原位覆膜成形方法。采用气相沉积、原位聚合与自组装涂层等方法，以可生物降解的单体与聚合物为载体材料，开发尿素等水溶性颗粒肥料的原位覆膜与智能控释调控方法，构建适合大规模工业化的控释肥料生产工艺流程。

② 阐明作物吸肥规律的肥料养分智能控释应答机制。采用土壤微环境与生物智能响应材料负载肥料功能物质，创制氮磷钾多元复合智能控释肥料，揭示其肥效养分释放速率对作物吸肥规律和栽培环境变化的智能响应机制。

③ 阐明难溶性肥料的纳米水基化与胶体化分散机制。针对难溶性磷肥与矿物微肥，采用微沉淀、熔融乳化、化学络合等方法，制备纳米水溶胶与固体分散体，提高其土壤溶出速率、运移性能

与生物利用度，防止土壤吸附与矿化固定等肥效损失。

（3）纳米兽医药品。

针对传统兽药、疫苗与饲料添加剂生物利用度低、毒副作用与残留危害等突出问题，发展新型靶向智能纳米递送系统，阐明其提高有效性与安全性的作用机制。创制具有靶向与智能释放等功能的纳米药物新剂型。拟解决的主要科学问题如下。

① 兽药靶向递送与精准控释机制。针对动物寄生虫与传染病防控，以增强广谱性抗生素等药效功能、提高生物利用度、降低毒性和残留为目标，开发纳米乳注射剂、纳米微囊缓释剂和口服性片剂，改善药物水溶性与持效期，克服溶剂与助剂毒副作用。

② 兽用疫苗靶向免疫应答与递阶释放机制。针对重大疫情防控，以增强预防免疫效果、延长持效期为目标，利用生物相容性载体包封免疫功能物质，结合抗原提呈细胞靶向亲和修饰，创制靶向疫苗、超长效疫苗、分子疫苗、多联多价疫苗和口服疫苗等新型纳米制剂。

③ 动物功能营养的首过效应与跨黏膜吸收机制。以提高饲料营养吸收与生物转化效率，降低有害残留为目标，通过纳米粒度化和载体化对饲料原料与添加物质进行复合改性，发展功能性与营养强化饲料、纳米饲料添加剂及替代药物。

（4）食品纳米技术。

利用纳米技术提高食品加工质量与效率，建立高通量、超灵敏与便捷性的食品质量与安全检测方法，开发农产品纳米溯源与防伪标识系统。拟解决的关键科学问题如下。

① 阐明纳米结构化改善食品营养品质与风味的作用机制。开发纳米微粒、脂质体、微胶囊、蛋白质载体等形态的纳米功能食品与食品添加剂，提高营养吸收与生物转化利用效率。

② 发展农产品纳米溯源系统。开发基于生物标记、蛋白质与DNA指纹等的纳米条形码、智能标签与防伪系统，建立从生产、运输、储存到消费等环节的农产品质量检测与溯源系统。

③ 纳米食品检测新方法。开发超灵敏与特异性的微生物探针、单分子检测传感器以及纳米鼻与纳米舌等食品质量检测系统，建立食品病原体、痕量有害物质与毒素等纳米检测技术与方法。

第三章 国际合作优先领域

纳米科学属多学科交叉的研究领域，涉及的学科领域和应用范围极为广泛，纳米科学领域的发展很难由一个国家独立完成，因此国际合作变得十分重要，合作的程度也需要十分深入。各国均积极开展国际科技合作和交流，通过政府间的多边关系、双边关系和多种民间渠道开展国际合作和交流，包括采用多种方式进行人员交流及学术交流，积极聘请外国专家讲学和开展合作研究。例如，英国、法国和德国等欧洲国家除了制定本国纳米技术发展计划外，还积极参加跨国的联合纳米科学计划。美国与欧洲合作发布了纳米科学合作计划；欧盟框架计划 FP7 明显加大了国际合作的力度。其结果是纳米研究领域的国际合作论文数量和所占比例逐年上升。在论文的合作方面，欧洲国家发表国际合作论文数量所占的比例达到 50% 以上；美国等国的国际合作论文比例紧随其后，并呈逐年升高趋势；日本、中国、韩国、印度等亚洲国家的合作论文则较少。

“十二五”之前，我国与美国、日本和德国这几个论文产出居前的国家合作较多，我国与其合作的论文篇数在我国全部合作论文数中所占的比例都超过了10%，特别是与美国的合作论文数所占比例超过了30%。但是与之相比，我国与法国、英国、意大利、俄罗斯和西班牙这些纳米科学论文数也较多的国家合作相对不多。与此同时，我国与亚洲国家和地区的合作较多。这说明我国与美国、日本和德国在纳米领域开展国家间的强强合作比较明显，但同时与较先进国家的国际合作较少。全面开展多层次国家间的纳米科研交流，可以增强我国纳米国际合作构架的立体感。最近几年国际合作的发展，使我国与各国合作的论文数大多保持上升的趋势，而且增幅较大。

在纳米科学的不同领域，我国开展国际合作的程度不同，在各个方向的国际合作论文数所占比例差别明显。纳米材料与该方向上的整体国际合作论文比例基本一致，纳米器件与制造研究方向的比例较低，而纳米生物与医学和纳米表征技术两个方向又超过相应方向的整体国际合作论文比例很多。我国在纳米生物与医药和纳米结构表征（与检测）两个方向所发表的研究论文数较少，这两个研究方向是我国纳米研究相对较弱的两个方向。而这两个研究方向的国际合作程度又是最高的。这表明我国在这两个研究方向内正在通过开展国际合作的途径，来达到提高自身研究实力的目的。在保持纳米材料领域的国际合作的同时，要重点发展纳米器件与制造、纳米表征技术和纳米生物与医学领域的国际合作。合作中要注意“强强合作”与“我弱他强合作”并重，合作方式要注意个体合作与群体合作并重，合作国别要注意发达国家与发展中国家并重。进一步加强与美国、日本、德国、法国、英国等发达国家的合作，同时深入开展与俄罗斯、印度、南非等发展中国家的合作。

专家提出的一些国际合作优先领域如下。

第一节 二维纳米固体材料

二维纳米固体材料是近年来迅速崛起和飞速发展的研究领域，在电子器件构筑、能源存储与利用等领域有着重要意义，但是对于二维纳米材料的结构设计、原子尺度表征以及功能物性调控都依然面临极大挑战。新加坡和澳大利亚等海外合作单位在类石墨烯结构的合成、多尺度的材料模拟以及先进表征手段（同步辐射、扫描隧道显微镜、扫描透射电子显微镜）等研究领域里积累了丰富经验和优势工作基础，跟国内相关单位也具有长期的合作关系，近年来开展了高频次实验合作和科研互访。本优先领域围绕“二维固体材料的设计、构筑与功能调控”的主题，发展具有二维纳米固体材料体系的构筑技术、表征方法和理论模型，深入认识基于二维纳米固体材料在体相、表面和界面上可控的功能性复合纳米体系和器件的新规律和新原理，丰富纳米材料科学、纳米测量技术和介观物理研究的科学内涵。本优先领域的预期成果是，在国际合作框架下，在几类重要的二维纳米固体结构中，在理论设计、实验实现以及功能性可调方面达到世界领跑水平，并有望率先应用于芯片和电池等新能源和微电子器件。

关键科学问题。① 二维纳米固体材料的理论设计与优化；② 二维纳米固体材料的实现与形成机制；③ 二维纳米固体材料的高分辨结构表征；④ 二维纳米固体材料的功能调控。其中多尺度的理论模拟、同步辐射手段和高空间分辨表征技术将结合并贯穿整个项目中，为二维纳米固体材料的设计、功能集成和性能调控提供指导。国际合作的研究将会为构筑二维纳米固体材料及器件提供新的方法和途径，并能为基础材料物理化学的研究和发展新型高性能材料与器件提供新的机会。

第二节　线型碳材料

一、科学意义与战略价值

作为自然界中广泛分布的元素，碳通过 C—C 键化合物可以形成多种同素异形体，为人们提供了丰富的基础科学研究对象和无限的应用前景。20 世纪，分子轨道能量计算预言了含有奇数碳原子且以层状结构构成的线型碳材料的能量比任何其他碳的同素异形体都低。前期的计算结果预示线型碳有望是一种常温超导材料。由于线型碳对生物体的高亲和性，其用于生物医学材料的研究也具有重要的应用价值。作为前驱体，由线型碳制备金刚石也具有可行性，有望成为一种实用的合成金刚石的新方法。可以预见，如果能够实现批量制造，线型碳材料的非凡特性在纳米机械系统、自旋电子器件、传感器、超强超轻材料或储能领域都具有广阔的前景和重要的战略意义。

二、关键科学问题

相对于金刚石、石墨、碳纳米管、富勒烯等单质碳，线型碳的研究迄今并不多，其主要原因是可控合成上难以获得高纯度单一结构的材料。人工合成的线型碳多为黑色的无定型态，极其难以溶解。自 20 世纪中期开始，俄罗斯的相关研究者就提出了通过电弧法、激光法、离子溅射法、冲击波法等物理手段制备线型碳。实际上，在合成过程中，气态碳单质虽然以线型形式存在，但在其沉积过程中将发生转变，往往最终形成常温状态下更稳定的金刚石或石墨等其他碳同素异形体。与此同时，结构决定性质，线型碳材料所具有的优越性能和其潜在的应用前景是由其特殊的结构决定的。因此，有关线型碳纳米材料的结构和物理化学性质的探索一直是相关研究中的重中之重，特别是原位表征技术的开发有望揭示新型碳材料的工作状态和工作机制。

通过国际合作，有望为认识线型碳材料的结构与性能的关系、为可控合成提供新方法和新手段，并为未来线型碳材料的应用研究奠定基础。此外，国际交叉研究不仅为新材料的可控合成和高效清洁能源的应用奠定基础，也将促进不同的大科学装置平台更好地服务于国家战略需求。

第三节　器件与传感

加强与美国、日本、韩国在材料分析、纳米器件测量设备等方面的合作，促进国内成熟先进纳米技术的应用研究；加强与日本、德国、新加坡等在纳米传感器件物理、化学、生物等机理分析方面的合作，服务我国相关研究机构的整体突破。加强纳米光电、纳米电子等科学基础与新型功能材料方面的基础研究。

关键科学问题。

（1）纳米传感效应中的机理问题：纳米器件结构中物理特性（声、光、电、磁、力、热）以及生物化学特性（敏感膜等）的机理解析。

（2）纳米传感器的精确制备问题：测量、操控纳米器件与传感功能时，涉及的新型纳米材料、结构与方法。

（3）综合传感系统中耦合信号与分子识别精度的关系、极微弱传感信号辨识与解调。

（4）高性能纳米光电材料的可控制备，纳米光电器件集成技术，新型光电材料与器件中的激发态过程；以及新型高效电光转换器件，纳米光电生物医学研究。

第四节　自组装与仿生

深入理解组装基元的多重弱相互作用，是纳米自组装领域的关键科学问题之一，也是设计和构建多级次仿生材料的基石。美国、欧盟、俄罗斯科学家在理论方面有较为雄厚的研究基础。

关键科学问题。发展粗粒化的计算方法，建立组装基元的精确力场，实现对组装过程及仿生结构的精准模拟。

第五节　极 限 测 量

原子是构成物质的基本组成单元，原子的排列方式往往决定了分子、材料的结构以及最终的物理化学性质。未来国际合作要注重发展高精度、高灵敏度透射电子显微学测量方法，精确获取原子构型及其相应的电子结构信息，理解结构与性能的关系；其次，结合高空间分辨透射电镜和高时间分辨探测技术，探索物质结构的物理化学变化学以及气相、液相条件下表界面（电）化学过程。建议加强与在该领域中具有领先地位的美国、欧盟、日本及澳大利亚的研究团队合作。通过国际合作研究不仅可以满足国家重大基础研究对于先进表征方法的需求，同时可以带动我国相关学科的发展、缩小与国外的差距。

关键科学问题。分子构型和原子结构在外场下的非平衡结构和动态响应，溶相中物质形核与生长、形貌变化、结构相变；电化学过程中的电荷传递、物质输运、界面演化、局域化学价态变化等。

第六节　纳米农业研究

纳米农业领域重点寻求与欧美等发达国家（地区）在纳米农药与新型绿色投入品相关内容上的合作研究。

科学意义与战略价值。推动农业投入品提质增效与节量、减排，创新驱动高效、绿色、可持续农业与战略性新兴产业，是缓解粮食安全问题、资源短缺和环境问题的重要科学途径。

关键科学问题。研究农业投入品纳米递送系统与智能化调控机制，发展新型绿色农业投入品创制原理与方法。

第四章
实现"中长期"暨"十四五"发展战略的政策措施

为加快纳米科学的发展，建议采取以下措施。

一、优化学科布局，改革评价体系

大力支持优势学科，依据"一点突破，全面展开"的原则，围绕优势学科，进行优化整合，建立产学研一体化的产业链；重视当前处于研发阶段的前沿新材料的发展，适度超前安排相关专项，加强资金投入力度和相关基础保障；加快完善有利于推动新材料产业进步的政策和法规体系；突出国家对重点行业的聚焦支持，防止出现"投资碎片化"，集中力量培育和塑造我国名牌新材料产品。

目前我国科研机构的主要评价机制仍基于文章发表情况，导致大量纳米领域的科研工作者单一追求文章数量，研究方向盲目追随领域热点，造成我国基础研究大量资源的浪费，阻碍了新材料的产业化进程。科研评价机制应多元化，鼓励科研人员敢啃硬骨头、发扬工匠精神并勇于投身实用化研究。

二、融通科研资源，支持建立大型平台

纳米科学各领域研究中的许多基础性问题还有待解决，因此，一方面学科内部应加强资源的融通与成果的共享，另一方面应通过大型科研平台的建设，使来自不同学科背景、具有不同专长的专家能够通力合作，围绕共同关心的能源科学、生命科学等问题开展长期、深入的研究工作，进而推动基础研究和产业化的优势发展。

三、贯通产学研用，建立研究新机制

目前，还存在科研与产业界脱节的问题，我国的科研机构对从实验室走向工业应用的投入力度严重不足，使得许多研究成果只能停留在实验室阶段，无法达到工业规模，而难以进行成果转化。同时，由于现有科研体制机制的制约，企业自身缺乏远见、不愿承担研发风险，导致产业技术创新能力不足。亟待建立研究新机制，以国家重大需求与市场导向为牵引，探索产学研相互结合的创新模式。加强顶层战略创新研究，从国家层面建立纳米科学产学研协同创新体系，对产业生态建设进行系统、科学的规划和布局，充分调动各个纳米科学创新主体积极性，高效利用创新资源，推动成果应用。

四、注重政策衔接，加强人才体系建设

增加高等院校相关专业设置，培育具有国际影响力和突出创新能力的纳米科学研究队伍，注重人才队伍建设和储备；具有创新能力的团队应包括高素质管理人才。目前国家各部委的人才政策缺乏有效衔接，还未形成联合的资源配置优势。这对国家整体科技布局和经费配置效率产生了不利影响，也对使更多的创新人才受益产生了制度障碍。因此，以后应探索适度延展和衔接人才资助谱系，加强人才资助政策的系统性，提高科技经费资源配置的效率。

五、重视基础研究，鼓励交叉学科

围绕重大科学问题，梳理可能催生重大创新研究成果和能够深刻影响未来纳米科学发展的前沿研究领域，重视基础学科、优势学科，鼓励开展交叉学科、新兴学科、薄弱学科研究，大力促进学科交叉与融合，开展原创性基础前沿研究。

六、制定全球科技战略，促进国际交流与合作

开展多层次、多形式、多渠道的全方位国际合作与交流，注重国际合作实效，寻求知识和技能的互补，以全面提高科研水平。建议通过自然科学基金委设立国际合作项目，支持科学家与国际同行的合作申请，保障国际合作的顺利实施。建立奖励国际合作外国专家的机制，吸引国外著名科学家参与我们的国际合作。加大自然科学基金委在国际合作中的宏观协调力度，充分发挥自然

科学基金委对外合作交流的优势和导向作用。建议自然科学基金委成立国际专家咨询委员会，举办一些具有世界影响力的国际会议、论坛。

七、总体均衡发展，开拓变革应用

总体发展策略与建议：建品牌，固长板；瞄长远，补短板。

基金政策帮助理顺“四大关系”：“基础”与“脖子”的关系，“理想”与“现实”的关系，“环境”与“文化”的关系，“品位”与“品牌”的关系。基金政策帮助加速“四个转变”：科学论文数量—质量；前沿跟踪—坚持原创；专利授权—价值落地；个人兴趣牵引—国家需求驱动。

主要参考文献

国家纳米科学中心，爱思唯尔 . 纳米科技产出与影响力报告 . 北京：科学出版社，2021.

Barke I, Hartmann H, Rupp D, et al. 2015. The 3D-architecture of individual free silver nanoparticles captured by X-ray scattering. Nat Commun, 6: 6187.

Barty A, Boutet S, Bogan M J, et al. 2018. Ultrafast single-shot diffraction imaging of nanoscale dynamics. Nature Photonics, 2: 415-419.

Bourdeau R W, Lee-Gosselin A, Lakshmanan A, et al. 2018. Acoustic reporter genes for noninvasive imaging of microorganisms in mammalian hosts. Nature, 553: 86-90.

Butterfield G L, Lajoie M J, Gustafson H H, et al. 2017. Evolution of a designed protein assembly encapsulating its own RNA genome. Nature, 552: 415-420.

Cai Y, Lu Q, Guo X, et al. 2015. Salt-tolerant superoleophobicity on alginate gel surfaces inspired by seaweed (*Saccharina japonica*). Adv Mater, 27: 4162-4168.

Cavalieri A L, Muller N, Uphues T, et al. 2007. Attosecond spectroscopy in condensed matter. Nature, 449: 1029-1032.

Cheng Z, Zhou H, Lu Q, et al. 2018. Extra strengthening and work hardening in gradient nanotwinned metals. Science, 362: eaau1925.

Dombi P, Pápa Z, Vogelsang J, et al. 2020. Strong-field nano-optics. Reviews of

Modern Phys [illegible] 92.

Duan R, Zuo X, [illegible] ang S, et al. 2013. Lab in a tube: ultrasensitive detection of microRNAs at [illegible] single-cell level and in breast cancer patients using quadratic isothermal ampli[illegible]tion. J Am Chem Soc, 135: 4604-4607.

Duan Y, Liu X, Han [illegible] t al. 2014. Optically active chiral CuO “nanoflowers”. J Am Chem Soc, 136: 71[illegible]7196.

English M A, Soenks[illegible] R, Gayet R V, et al. 2019. Programmable CRISPR-responsive smart mate[illegible]s. Science, 365: 780-785.

Feng J, Gong C, Gao H[illegible]t al. 2018. Single-crystalline layered metal-halide perovskite nanowires fo[illegible]ltrasensitive photodetectors. Nature Electronics, 1: 404-410.

Feng J, Song Q, Zhang B, et a[illegible]017. Large-scale, long-range-ordered patterning of nanocrystals via capillary-bri[illegible] manipulation. Adv Mater, 29: 1703143.

Gao H L, Chen S M, Mao L B, [illegible]. 2017. Mass production of bulk artificial nacre with excellent mechanical prop[illegible]s. Nat Commun, 8: 287.

Guo T, Heng L, Wang M, et al. 2[illegible]. Robust underwater oil-repellent material inspired by columnar nacre. Adv M[illegible]r, 28: 8505-8510.

Hou K, Ali W, Lv J, et al. 2018. Opt[illegible]ly active inverse opal photonic crystals. J Am Chem Soc, 140: 16446-16449.

Hu G, Ou Q, Si G, et al. 2020. Topologic[illegible]polaritons and photonic magic angles in twisted alpha-MoO3 bilayers. Nature, 5[illegible]209-213.

Huang C, Dong J, Sun W, et al. 2019. Coo[illegible]nation mode engineering in stacked-nanosheet metal-organic frameworks to en[illegible]ce catalytic reactivity and structural robustness. Nat Commun, 10: 2779.

Jiang W, Qu Z-B, Kumar P, et al. 2020. Emergence of complexity in hierarchically organized chiral particles. Science, 368: 642-648.

Jin C, Ma E Y, Karni O, et al. 2018. Ultrafast dynamics in van der Waals heterostructures. Nat Nanotechnol, 13: 994-1003.

Kockum A F, MIranowicz A, de Liberato S, et al. 2019. Ultrastrong coupling between light and matter. Nature Reviews Physics, 1: 19-40.

Kuzyk A, Schreiber R, Fan Z, et al. 2012. DNA-based self-assembly of chiral plasmonic nanostructures with tailored optical response. Nature, 483: 311-314.

Lee H E, Ahn H Y, Mun J, et al. 2018. Amino-acid- and peptide-directed synthesis of chiral plasmonic gold nanoparticles. Nature, 556: 360-365.

Li P, Dolado I, Alfaro-Mozaz F J, et al. 2018. Infrared hyperbolic metasurface based on nanostructured van der Waals materials. Science, 359: 892-896.

Lin L, Liu M, Chen L, et al. 2010. Bio-inspired hierarchical macromolecule-nanoclay hydrogels for robust underwater superoleophobicity. Adv Mater, 22: 4826-4830.

Liu C, Zheng L, Song Q, et al. 2019. A metastable crystalline phase in two-dimensional metallic oxide nanoplates. Angew Chem Int Ed Engl, 58: 2055-2059.

Liu H, Li Y, Sun K, et al. 2013. Dual-responsive surfaces modified with phenylboronic acid-containing polymer brush to reversibly capture and release cancer cells. J Am Chem Soc, 135: 7603-7609.

Liu L, Chen S, Xue Z, et al. 2018. Bacterial capture efficiency in fluid bloodstream improved by bendable nanowires. Nat Commun, 9: 444.

Liu M, Wang S, Wei Z, et al. 2009. Bioinspired design of a superoleophobic and low adhesive Water/Solid Interface. Advanced Materials, 21: 665-669.

Liu W, Lee B, Naylor C H, et al. 2016. Strong Exciton-Plasmon Coupling in MoS2 coupled with plasmonic lattice. Nano Lett, 16: 1262-1269.

Liu X, Galfsky T, Sun Z, et al. 2014. Strong light–matter coupling in two-dimensional atomic crystals. Nature Photonics, 9: 30-34.

Liu X, Zhou J, Xue Z, et al. 2012. Clam's shell inspired high-energy inorganic coatings with underwater low adhesive superoleophobicity. Adv Mater, 24: 3401-3405.

Lv J, Ding D, Yang X, et al. 2019. Biomimetic chiral photonic crystals. Angew Chem Int Ed Engl, 58: 7783-7787.

Lv J, Hou K, Ding D, et al. 2017. Gold nanowire chiral ultrathin films with ultrastrong and broadband optical activity. angew Chem Int Ed Engl, 56: 5055-5060.

Ma Y, Bao J, Zhang Y, et al. 2019. Mammalian near-infrared image vision through injectable and self-Powered retinal nanoantennae. Cell, 177: 243-255 e215.

Mao L-B, Gao H-L, Yao H-B, et al. 2016. Synthetic nacre by predesigned matrix-directed mineralization. Science, 354: 107-110.

Meng X, Wang M, Heng L, et al. 2018. Underwater mechanically robust oil-repellent materials: combining conflicting properties using a heterostructure. Adv Mater, 30: 1706634.

Mrejen M, Yadgarov L, Levanon A, et al. 2019. Transient exciton-polariton dynamics in WSe2 by ultrafast near-field imaging. Sci Adv, 5: eaat9618.

Nishiyama T, Kumagai Y, Niozu A, et al. 2019. Ultrafast Structural Dynamics of Nanoparticles in Intense Laser Fields. Phys Rev Lett, 123: 123201.

Niu W, Zheng S, Wang D, et al. 2009. Selective synthesis of single-crystalline rhombic dodecahedral, octahedral, and cubic gold nanocrystals. Journal of the American Chemical Society, 131: 697-703.

Novoselov K S, Mishchenko A, Carvalho A, et al. 2016. 2D materials and van der Waals heterostructures. Science, 353: aac9439.

Park J I, Nguyen T D, Silveira G de Q, et al. 2014. Terminal supraparticle assemblies from similarly charged protein molecules and nanoparticles. Nat Commun, 5: 3593.

Rappuoli R, Serruto D. 2019. Self-assembling nanoparticles usher in a new era of vaccine design. Cell, 176: 1245-1247.

Shah J. 1999. Ultrafast Spectroscopy of Semiconductors and Semiconductor Nanostructures. Berlin: Springer.

Shopsowitz K E, Qi H, Hamad W Y, et al. 2010. Free-standing mesoporous silica films with tunable chiral nematic structures. Nature, 468: 422-425.

Silveira G de Q, Ramesar N S, Nguyen T D, et al. 2019. Supraparticle nanoassemblies with enzymes. Chemistry of Materials, 31: 7493-7500.

Stefankiewicz A R, Sanders J K M. 2010. Harmony of the self-assembled spheres. Science, 328: 1115-1116.

Su R, Diederichs C, Wang J, et al. 2017. Room-temperature polariton lasing in all-inorganic perovskite nanoplatelets. Nano Lett, 17: 3982-3988.

Su R, Ghosh S, Wang J, et al. 2020. Observation of exciton polariton condensation in a perovskite lattice at room temperature. Nature Physics, 16: 301-306.

Sunku S S, Ni G X, Jiang B Y, et al. 2018. Photonic crystals for nano-light in moire graphene superlattices. Science, 362: 1153-1156.

Wang S, Liu K, Liu J, et al. 2011. Highly efficient capture of circulating tumor cells by using nanostructured silicon substrates with integrated chaotic micromixers. Angew Chem Int Ed Engl, 50: 3084-3088.

Wang T, Zhuang J, Lynch J, et al. 2012. Self-assembled colloidal superparticles from nanorods. Science, 338: 358-363.

Wang X, Zhuang J, Peng Q, et al. 2005. A general strategy for nanocrystal synthesis. Nature, 437: 121-124.

Wu Y, Feng J, Jiang X, et al. 2015. Positioning and joining of organic single-crystalline wires. Nat Commun, 6: 6737.

Xia Y, Nguyen T D, Yang M, et al. 2011. Self-assembly of self-limiting monodisperse supraparticles from polydisperse nanoparticles. Nat Nanotechnol, 6: 580-587.

Xu L P, Zhao J, Su B, et al. 2013. An ion-induced low-oil-adhesion organic/inorganic hybrid film for stable superoleophobicity in seawater. Adv Mater, 25: 606-611.

Xu W, Liu W, SchmidT J F, et al. 2017. Correlated fluorescence blinking in two-dimensional semiconductor heterostructures. Nature, 541: 62-67.

Yeom J, Yeom B, Chan H, et al. 2015. Chiral templating of self-assembling nanostructures by circularly polarized light. Nat Mater, 14: 66-72.

Yu Z-L, Yang N, Zhou L-C, et al. 2018. Bioinspired polymeric woods. Science Advances, 4: eaat7223.

Zheng D, Zhang S, Deng Q, et al. 2017. Manipulating Coherent Plasmon-Exciton Interaction in a Single Silver Nanorod on Monolayer WSe2. Nano Lett, 17: 3809-3814.

Zhu Z, Meng H, Liu W, et al. 2011. Superstructures and SERS properties of gold nanocrystals with different shapes. Angew Chem Int Ed Engl, 50: 1593-1596.

关键词索引

K

L

M

N

O

Q

R

S

T

W

X

Y

Z